奇妙心理学

你的秘密无处藏

［日］内藤谊人　著

马　谦　译

中国科学技术出版社

·北　京·

SEKAI SAISENTAN NO KENKYUGA OSHIERU MOTTO SUGOI SHINRIGAKU by
Yoshihito Naitoh
Copyright © Yoshihito Naitoh 2020
All rights reserved.
Original Japanese edition published by Sogo Horei Publishing Co., Ltd.
Simplified Chinese translation copyright © 2021 by China Science and Technology Press Co.,
Ltd.
This Simplified Chinese edition published by arrangement with Sogo Horei Publishing Co.,
Ltd., Tokyo, through Hon no Kizuna, Inc., Tokyo, and Shanghai To-Asia Culture Co., Ltd.
北京市版权局著作权合同登记　图字：01-2021-2173。

图书在版编目（CIP）数据

奇妙心理学：你的秘密无处藏 /（日）内藤谊人
著；马谦译 . —北京：中国科学技术出版社，2021.12
　　ISBN 978-7-5046-9240-5

　　Ⅰ. ①奇… Ⅱ. ①内… ②马… Ⅲ. ①心理学—通俗
读物 Ⅳ. ①B84-49

中国版本图书馆 CIP 数据核字（2021）第 201173 号

策划编辑	杜凡如　陈　颖	
责任编辑	申永刚	
版式设计	蚂蚁设计	
封面设计	马筱琨	
责任校对	邓雪梅	
责任印制	李晓霖	

出　　版	中国科学技术出版社
发　　行	中国科学技术出版社有限公司发行部
地　　址	北京市海淀区中关村南大街 16 号
邮　　编	100081
发行电话	010-62173865
传　　真	010-62173081
网　　址	http://www.cspbooks.com.cn

开　　本	880mm×1230mm　1/32
字　　数	108 千字
印　　张	6
版　　次	2021 年 12 月第 1 版
印　　次	2021 年 12 月第 1 次印刷
印　　刷	北京盛通印刷股份有限公司
书　　号	ISBN 978-7-5046-9240-5/B·72
定　　价	59.00 元

（凡购买本社图书，如有缺页、倒页、脱页者，本社发行部负责调换）

前言

　　诺贝尔奖是为卓越的科学研究成果颁发的著名奖项。作为一种戏谑，还有所谓的搞笑诺贝尔奖，对于这个奖项，知道的人可能并不是很多。与诺贝尔奖完全不同，搞笑诺贝尔奖的特点是没有那么拘谨，或者说是没有那么认真，让人从中获得快乐是人们设置这个奖项的最大目的，获奖的都是那些非常另类的研究。

　　从搞笑诺贝尔奖的颁奖历史来看，获奖的有关于脚臭的研究，有关于奔跑的猪会散发出多少沙门氏菌的研究，还有计算如果不知悔过会有多少人将陷入悲惨生活的研究，都非常另类。

　　2018年搞笑诺贝尔经济学奖的获奖研究是调查了员工使用诅咒人偶对上司进行报复是否会产生效果。研究结果表明，员工的这一行为确实能够产生效果，进行诅咒的员工，心情会变好。

　　可能很多人会对此发出感叹，觉得"哎呀，世界上竟然有人在做这么古怪的研究"。不过，在从事古怪研究方面，心理学家绝对不会甘居人后。

一些常见的心理学书内容太教科书化，总是介绍那些读起来非常枯燥的经典理论，读者已经对此感到厌倦。于是，我就产生了一个想法：写一本书，这本书像搞笑诺贝尔奖那样，专门介绍一些非常有趣的心理学研究案例，让读者知道心理学这门学科其实还有这么多有趣的研究。最后，我完成了《神奇的心理学》的写作。这本书出版后得到的反响远远超过我的预期，获得了大量好评。很多读者给我的反馈是希望我能介绍一些更有趣的案例。

为此，我再次详细地查阅了发表在心理学期刊上的论文，最终完成了本书《奇妙心理学：你的秘密无处藏》的写作。通常来说，续作的精彩程度往往会有所下降。但本书却不一样，我对此很有自信。因为我为写本书查阅资料的时间比为写《神奇的心理学》查阅资料的时间要多一倍，本书选的研究案例也是我经过反复斟酌才最终确定的。我可以保证，本书绝不会让读者觉得花钱买了一本烂书。

至于本书的内容如何，读者不妨先看一看以下研究案例。

○ 即便是没有特异功能的人，也能打开别人已经上锁的旅行箱。

○ 当人们看见字母"V"时，大脑会感知到存在危险或威胁。

○观看喜剧电影有助于长高。

○说到护士，人们会联想到白衣天使，但实际上这个职业存在着大量的职场欺凌。

○现代人可以忍受的下载等待时间为2秒。

○在进行"狐狗狸"占卜时，硬币在移动的感觉实际上是一种错觉。

○止痛药也可以缓解心灵的伤痛。

○胖宝宝更聪明。

怎么样？是不是觉得每项研究都有可能获得搞笑诺贝尔奖？不过读者可能还是会疑惑："了解这些古怪的研究对我们来说有什么用呢？"的确，我无法回答了解这些研究有什么用。不过，我认为这些研究一定可以激发各位读者的求知欲。

由衷地希望各位读者能够通读本书——使用世界上前沿的研究成果讲述的更加奇妙的心理学。

目 录

039 | 第2章
洞察内心不确定性的心理学研究

105　第4章
出人意料的心理学研究

141　第5章
积极向上的心理学研究

第 1 章

立即就能派上用场的心理学研究

通过握手了解人的性格

　　心理学家喜欢解读别人的内心世界，因而关于解读人的内心世界的研究可谓硕果累累，仅相关专题的书就多达数百本。人们可以通过表情、姿态、动作、穿着打扮等对人的内心世界进行解读，这里我要介绍的是通过握手来揭示内心世界的研究。

　　美国亚拉巴马大学的威廉·卓别林让一男一女两名实验助手在一个月的时间里接受判断握手力量强度的训练。实验中，112名大学生分别以大、中、小三种不同等级的力量强度与两名实验助手握手，然后两名实验助手在保持每个等级的力量强度的判断标准一致的前提下，对每次握手的力量强度进行判断。在实验中，不同等级的力量强度能够被明确地区分。然后，实验助手接受训练，以达到每次握手的实际力量强度与各自的判断完全一致的程度。完成训练后，两名实验助手分别与112名大学生握手，并对每次握手的力量强度进行判断。需要说明的是，所有大学生事先已经接受了心理测试。

实验结果表明，被实验助手判断为握手力量强度大的人，其性格更偏于外向，情感表达也更加丰富。

日本人不太习惯握手，但如果一个人握手的力量强度比较大，那么他多半是个性格外向的人。像这样的人，我们认为他们是喜怒形于色、从表情就能让人看出想法的人。

另外，实验结果还表明，握手力量强度较大的女性大多对新鲜事物比较感兴趣。她们比较倾向于尝试各种新的体验，喜欢旅行，生活态度非常积极。与此相反，那些被判断为握手力量强度小的人，其性格往往比较内向且神经质。这样的人一般不会主动与人搭话，思维也比较消极。

心理学家在做自我介绍的时候，会很自然地试图和对方握手，通过这种方法在一定程度上可以测试出对方是什么样的人，例如，这个人性格外向，那个人性格内向。各位读者如果在握手时关注一下对方握手的力量强度，就很可能会将对方的内心世界解读出来。我希望各位读者能去尝试一下。

💬 如何让对方觉得你很聪明

人们总会觉得戴眼镜的人好像更为知性。即使事实并非如此，这种形象给人的感觉也是这个人很有涵养，似乎读过很多书。那么，到底是不是这样呢？

戴眼镜与不戴眼镜给人的印象迥然不同。如果想让别人觉得你很聪明，那么你可以戴上眼镜，这样看起来会更知性。电视剧和电影中也是如此，演员如果扮演的是富有知性的角色，那么一般都会戴上眼镜。只要有了眼镜这个小小的道具，一个人的形象立即就能改变。

奥地利维也纳大学的赫尔穆特·莱德尔通过实验对戴眼镜看起来更知性这件很多人都有同感的事情进行了验证。莱德尔给同一个人拍摄三张不同的照片，分别为不戴眼镜的照片、戴着有边框眼镜的照片、戴着无边框眼镜的照片。也就是说每位实验对象要拍三张不同形象的照片。同时，莱德尔还聘请了时尚顾问为每位实验对象挑选适合其脸型的眼镜，即每位实验对象在拍照时都戴着最适合自己的眼镜。拍好照片后，莱德尔让一些20~32岁不同性别的人对每种形象的照片进行评价。实验结果显示，戴无边框眼镜让人感觉更知性，更值得信赖。如果读者想让自己看上去富有知性，建议读者可以戴一副无边框眼镜，注意，不是有边框眼镜。

"不过，戴眼镜是不是会显得形象有点土气啊？" "戴上眼镜，虽然看上去富有知性，但是个人魅力是不是会因此下降呢？"可能有的人会这么想，但这些担心是没有必要的。关于这一点，莱德尔也进行了验证，对每位实验对象戴眼镜与不戴眼镜的个人魅力也分别进行了评价。实验结果显示，因戴眼镜而降低个人魅力这件事情并不存在。无论是有边框眼镜还是无边框眼镜，该结论均适用。

很多人可能会觉得戴眼镜不是一件好事。尤其是女性，更倾向认为戴眼镜会降低自身魅力，因此不少人选择戴隐形眼镜。但是，科学研究证明，眼镜完全不会降低人的魅力，需要戴眼镜的人可以放心佩戴。

❤ 如何提高工作效率

很多财经类书中都有类似"越能够让员工感到心情愉悦的公司，其员工的工作效率就越高"的论述。

仅凭直觉，人们会认为这个说法是对的。但实际上这个说法没有什么依据。遇到这种情况，心理学家喜欢做的就是通过实验来进行验证。

英国华威大学的安德鲁·奥斯瓦尔德为了验证心情愉悦感是否能提高员工的工作效率，进行了多次实验。实验对象的数量达700多人。

为了让实验对象达到心情愉悦的状态，奥斯瓦尔德在实验中先让实验对象观看10分钟喜剧视频，然后让实验对象做5个两位数的加法运算，例如，计算31+51+14+44+87。在这项实验中，实验对象被要求尽可能快且多地答题。同时，实验规定每答对一道题，实验对象可以获得0.25欧元的奖励，以激励实验对象认真答题。

实验结果显示，实验对象观看喜剧视频感到心情愉悦后，他们的工作效率确实得到了提高。也就是说，让员工感到心情愉悦，其工作效率就会提高这个说法是正确的。

奥斯瓦尔德还进行了另一项实验，让实验对象通过吃水果和巧克力的方法，感到心情愉悦。这一次，得到了同样的实验结果，心情愉悦的实验对象的工作效率提高了。

无论是让实验对象观看喜剧视频也好，还是让他们吃好吃的食物也罢，具体用什么方法让实验对象感到心情愉快并不重要。只要实验对象感到心情愉悦，那么他的工作效率就能提高，奥斯瓦尔德的实验证明了这一点。

如果我是一名企业经营者，那我首先要考虑的就是如何让员工感到心情愉悦。而不必说什么"别偷懒""认真工作"这种敦促的话。

有一篇学术论文提到这样一个案例。有一家公司规定，员工只要在工作日按时上下班，那么当天就可以获得一张扑克牌。员工如果从星期一到星期五均未缺勤，就能获得五张扑克牌。随后，员工用手中的扑克牌进行游戏，游戏结束后，谁手中的扑克牌最大谁就能得到奖金。在公司执行了这种有趣的制度之后，员工的缺勤率下降了，工作效率也得到了提高。

对于员工来说，工作反正是一定要做的，能在和谐愉快的氛围中工作，自然是再好不过。如果上司或者老板可以营造出这种氛围，那员工一定会全力工作。

💬 为什么有的患者不遵守预约的诊疗时间

　　很多医院都为患者不能严格遵守预约的诊疗时间而感到烦恼。患者明明已经预约好诊疗时间，可到时间了却不来，这实在让医院很烦恼。而且，不守时的患者还不在少数。这个问题会对医院的经营产生影响。

　　英国工作影响力公司（Influence at Work）❶的史蒂夫·马丁收到来自医院的咨询后，思考如何才能让患者严格遵守预约的诊疗时间，最后给出了一个方案——增加患者预约流程的烦琐程度。患者如果很容易预约到诊疗时间，那么也很容易爽约。马丁认为，让预约流程变得稍微烦琐一些，患者就会对预约更加重视，从而做到严格遵守预约的诊疗时间。

　　医院随即开始试运行马丁的方案。在办理预约时，医院工作人员让患者自己复述预约的诊疗时间。"需要您确认一下预

---

❶ 工作影响力公司是一家位于英国伦敦的公司，为企业和个人提供提高影响力等方面的培训和咨询。——译者注

约时间，26日星期五14:15，好了，请您复述。"医院的工作人员以这种形式要求患者复述预约时间。这样一来，到了下个月，不遵守预约的诊疗时间的患者数量下降了3.5%。

不过，仅仅减少了3.5%，也算不上什么太大的改变。因此，医院决定继续增加预约流程的烦琐程度。

"下一次诊疗时间是星期二10:35。请您记住自己的登记号码。登记号码是123456。"医院工作人员把写有登记号码的纸拿给患者看，要求患者在接受诊疗时提供预约登记号码。这时，患者就必须把登记号码记下来，此时的预约流程更加烦琐了。

试运行结果显示，医院通过让预约流程变得更加烦琐，使不遵守预约的诊疗时间的患者数量减少了18%，即近两成。可以说，马丁给医院的方案获得了成功。

如果人们希望赴约的对方能严格遵守约定的时间，一个有效的办法就是让对方感到没那么容易约到自己。例如，对于经常不按时赴约的朋友，人们可以要求他在离开家准备赴约的时候给自己打一个电话。又如，男朋友经常忘记约会的时间，那女朋友可以要求男朋友从家里出来的时候发一条短信或者LINE[1]信息。对于经常不能准时参加公司聚会的人，可以让他

---

[1] LINE 是韩国互联网集团 NHN 的日本子公司 NHN Japan 推出的一款即时通信软件。——译者注

专门负责在傍晚时给饭店打电话，告知参加公司聚会的确切人数。

通过设置一些烦琐的流程，人们可以有效地防止有人不遵守约定的时间。

💬 让难题变得容易的技巧

当做数学题或物理题的时候，人们把头抬高一些，拉大眼睛与题目的距离，可能就会觉得"这道题挺简单的"，即使是道比较难的题目，也能找到解题的方法。

拉大物理距离，人们心理上就会产生游刃有余的感觉。

美国纽约州康奈尔大学的马诺伊·托马斯做了一项实验：让92名大学生朗读出现在电脑屏幕上的单词。这些单词是托马斯随意创造的，发音都非常复杂，例如，Meunstah。实验要求大学生分别保持两种姿势：一种是尽量让面部靠近电脑屏幕；另一种是把身体靠在椅背上，尽量让面部远离电脑屏幕。

当朗读单词结束后，让大学生对发音的难易程度进行打分：感到"非常容易"打3分，感到"非常困难"打-3分。

实验结果表明，与保持面部靠近电脑屏幕姿势相比，保持面部远离电脑屏幕姿势的大学生更倾向于回答不难，给出的平均分为-0.88。而保持面部靠近电脑屏幕姿势的大学生给出的平均分为-1.31。

当进行复杂操作时，人们应尽量拉大物理距离。这样，心理上的距离也会变大，心情会轻松些，人们不至于陷入惊慌失措的状态。

在完成有一定难度的工作时，如果面部离电脑屏幕过近，那么人们会感到越来越焦虑。此时，让面部尽量远离电脑屏幕，人们就能让心情平静下来，会觉得"这点工作不算什么，太简单了"。

保持一定的物理距离，人们能让自己不被问题牵着走，可以从更加客观的角度来冷静地思考问题。当感到工作进展不顺利时，人们可以离开座位，去趟厕所或者买杯咖啡，以这种方式与工作拉开一些距离，有益于自己找到解决问题的方法。

♥ 提高学习效率的诀窍

当因一天的学习而感到疲惫时，多数人会选择在睡觉前放松一下，例如，打游戏、看漫画、看电视等。在身心得到充分放松之后，他们才准备睡觉。

其实，这种做法是错误的。正确的做法是结束一天的学习后，人们不要做其他的事情，立即洗洗睡了。人们在花了时间学习后，能把学过的东西牢牢地记在脑海里当然是再好不过了。为了达到这个目的，人们在学习结束后应该立即睡觉。

即使人们埋头苦学了很长时间，如果学习后又去打游戏或者看电视，那么这些在枯燥学习后接触的内容就会进入大脑中。而立即睡觉的话，大脑就不会记住那些多余的东西。另外，当第二天醒来后，人们会逐渐忘记已经记住的内容，而学习后立即睡觉则可以延缓忘记的速度。

法国里昂大学的斯蒂芬妮·马扎发表了一篇论文，强调睡眠对学习的重要性，证明了睡眠可以缩短复习的时间，并延长保持记忆的时间。

马扎把四十名大学生分成A、B两组来学习斯瓦希里语的单词。为了让四十名大学生完全掌握单词，实验中单词的学习共进行两次。两组的学习方式具体如下。

A组：9：00背单词，经过十二小时，当天21：00进行复习。

B组：21：00背单词，经过十二小时，次日9：00进行复习。

马扎在这次学习完成的一周后及六个月后分别进行测验，来了解每名大学生究竟记住了多少个斯瓦希里语单词。结果显示：B组，也就是初次学习后立即睡觉的大学生，复习时可以节省一半时间；而且无论是一周后还是六个月后的测验结果，B组的成绩都好于A组的。

我在上高中的时候，我的班主任曾经对我说："晚上学习后要马上睡觉。"当时我觉得这个方法并没有什么根据，现在看来，它确实是行之有效的，班主任的那番话并不是随口一说。

人们学习之后，心里总是想着放松一下。如果马上去睡觉，人们就会觉得损失了什么。可是，如果学习之后再做一些其他的事情，人们就会把好不容易记住的学习内容忘掉。因此，即便没有睡意，人们也要立即去睡觉。

❤ 经常大量饮酒的人更容易成功

安诺析斯国际咨询公司（Analysis Group）❶的贝瑟尼·彼得斯与美国加利福尼亚州圣何塞州立大学的爱德华·斯特林汉姆发表了一篇论文，他们认为人如果不经常大量饮酒，那么可能会成为一个失败者，这个观念着实令人吃惊。

人经常大量饮酒就能成功，这是什么道理？大量饮酒之后，人会变得意识不清。大量饮酒不仅有害健康，而且还可能导致人因宿醉而影响第二天的工作。那么，为什么经常大量饮酒能助人成功呢？

事实上，有数据表明经常大量饮酒的人的收入相对较高。查阅统计资料就能发现，经常大量饮酒的人的收入要比不饮酒的人的收入高10%以上。

不过，这绝不是说酒可以对你的工作直接产生什么作用，

---

❶ 安诺析斯国际咨询公司在北美、欧洲和亚洲设有 14 个办事处，是全球最大的国际咨询公司之一。——译者注

酒本身并没有什么魔力。

饮酒可以拓展人脉，这就是彼得斯的观点。说得学术一点，那就是饮酒可以增加社会资本。

也许有的人喜欢一个人静静地饮酒，但大多数情况，饮酒都是和其他人一起。因此，人们经常大量饮酒意味着会见到更多的人，这样，人脉就能得到不断地拓展。人脉拓展了，商机自然就变多了，因而收入也会增加。

彼得斯及其研究伙伴把"人越经常大量饮酒，他的收入就越高"这种现象称为饮酒者奖励费。经常大量饮酒的人，其收入中有10%为饮酒者奖励费。另外，经过统计，经常在外面大量饮酒的人的收入比经常大量饮酒的人的收入还要多7%。

不过，需要注意的是，此处所说的饮酒必须有助于建立社会网络，总是与固定的人饮酒是不行的。反正都是饮酒，最好和同公司其他部门或者其他公司的人一起饮酒。当然，也可以一个人去酒吧，与陌生人饮酒聊天。

通过饮酒这种方式拓展自己的社会网络，人们能获得饮酒者奖励费。不过请注意，如果人们单纯对酒感兴趣而在家独饮或者只与固定的人饮酒，那么这种情况下，收入是不会增加的。

❤ 意志力可以通过训练来培养

意志力这种自我控制能力是先天决定的吗？如果它是一种与生俱来的能力，那么意志薄弱、做任何事情都没有耐心的人就永远无法改变。如果它是一种通过训练就能获得的能力，那么只要人认真接受训练，意志力就能像身上的肌肉那样被锻炼出来。

上述关于意志力的观点究竟哪一种是正确的呢？心理学给出的答案是后者。研究表明，只要人下决心进行训练，意志力就能得到加强。

美国纽约州立大学❶的马克·穆拉文通过实验证明了意志力这种自我控制能力是可以被训练出来的。

说到训练方法，其实并不难。在日常生活中，每当产生某种冲动时，人们只要坚持对自己的冲动进行控制，通过这种方

---

❶ 纽约州立大学是美国纽约州的一个由很多家高等院校组成的大学系统，并不是一家独立的大学。——译者注

法就能训练意志力。

例如，当想抽烟的时候，人们可以告诉自己至少坚持5分钟后再抽，"努力一下，坚持10分钟看看"等。做好这些小事情，人们就能达到对意志力进行训练的目的。这种训练方法可以让人们不被本能冲动牵着鼻子走，而是依靠自己的力量把本能冲动控制住。

穆拉文让实验对象进行为期两周的训练，训练的主题是练习对小事的忍耐，例如，当有了想要吃点甜食的想法时，实验对象可以告诉自己今天先忍住不吃，明天再吃。实验结果表明，在完成训练后，实验对象的意志力测试成绩有所提高，也就是说这项训练是非常成功的。

穆拉文在实验中还进行了其他训练，让实验对象每天握两次握力器，他们即使已经感到很吃力，想要放弃，也要坚持训练一段时间。这项训练方法也获得了成功。

人们可以在日常生活中随时随地练习忍耐。例如，可以不乘坐电梯而选择走楼梯，或者乘坐地铁时，即使有座位也不坐。不乘坐电梯而走楼梯，就是一种徒步训练。坐地铁时坚持站着，可以锻炼身体。把已经不想再做的事情坚持做下去，也是一种对意志力的训练。

当想要放下手中的工作，休息一下的时候，人们可以要求自己再坚持15分钟，这样就能训练意志力。在日常生活中，人们强迫自己去做不喜欢做的事情，就能像锻炼肌肉那样来强化自己的意志力。

💬 传授知识时该不该严厉

很多关于教育的书都认为表扬有利于进步。当然，这个观点并没有错。不过如果严谨来讲，这个观点只对了一半。

如果受教育的对象是初学者，那么确实应该不断地对其进行表扬，因为这样可以促使他产生学习的兴趣。如果受教育对象是有基础的人，他的学习已经较为深入，那么他尽量弥补薄弱环节、争取更上一层楼的意识会变得较强。因此，有基础的人反而乐于听到严厉的批评指正及具体的建议。这意味着，表扬有利于进步这个观点只适合初学者。

美国哥伦比亚大学的史黛西·芬克尔斯坦针对法语初级班（学习简单的会话及语法）学生和法语高级班（学习法国古典文学、用法语撰写论文）学生分别进行了实验。学生都被问到相同的问题："对表扬型老师与严厉型老师，你分别会打多少分？7分为满分。"学生们打分的平均分见表1-1。

表1-1 学生们打分的平均分

学生	表扬型老师	严厉型老师
法语初级班	4.96 分	4.92 分
法语高级班	4.25 分	5.45 分

由表1-1可以看出，法语初级班的学生给表扬型老师的分数更高，这些学生并不期待老师对他们严格要求。而法语高级班的学生则希望老师能够严格地指出不足之处。也就是说，这些学生倾向认为老师无须对他们进行表扬，而应该告诉他们怎样做才能取得进步。

人们对问题的思考不能过于简单，例如，领导不能看了如何管理下属的书就想当然地认为"只有表扬下属，下属才能进步"。当然，那些刚入职或者工作经验尚不丰富的下属是很愿意听到领导表扬的。但如果是已经具备一定的技能和知识的下属，领导就不能一味地进行表扬，严格的批评指正反而更能让下属感到高兴。

❤ 孩子喜欢上学习需要什么条件

指导孩子学习是一件异常辛苦的事情，因为大部分孩子并不喜欢学习。

"在书桌前坐好""开始读书"，只要家长的言行让孩子感到学习这件事即将开始，刚刚还喜笑颜开的孩子马上就会噘起嘴来。让孩子喜欢上学习实在是太难了。

那么，究竟该怎么做呢？家长要做的就是笑着指导孩子学习。当孩子不能立即听懂家长的讲解时，大部分家长都变得急躁，言语中也会表现出不高兴。这样一来，孩子就会感到自己受到了莫名其妙的叱责，因而也就不可能对学习产生兴趣。家长需要做的是在指导孩子学习时，尽可能地给孩子带来快乐，让孩子高兴。只要家长能做到这一点，那么孩子就会感到"学习原来这么有趣啊"。

美国宾夕法尼亚州立大学的阿兰·凯兹丁进行了一项实验：对于学习成绩较差的小学生，让老师尝试笑着进行教学。采用了新的数学方法之后，能够安静地坐在桌前听讲的孩子的比例从1.3%上升到8.6%。即使是经常站起来乱跑的孩子，只要学习内容有趣，也能坚持坐着听讲。

还有一个让孩子喜欢学习的诀窍，那就是拥抱孩子。

知道这个诀窍的人可能并不多，实际上孩子是非常喜欢拥抱的。对拥抱产生反感情绪，是从青春期才开始的。在此之前，拥抱是孩子非常喜欢的一件事。如果人们在指导孩子学习的时候可以抱着孩子，那孩子就会喜欢上学习。

凯兹丁在另一项实验中设计了一个由老师抱着小学生教授知识的对照组。实验结果显示，被老师拥抱后，可以安静地坐着听讲的孩子的比例从0.2%上升到19.8%。

当孩子学习的时候，家长跟孩子说"你真棒！"并且抚摸一下孩子的头，或者给孩子一个拥抱，这些都会让孩子感到非常高兴。这样，孩子就会变得对学习感兴趣，从而学到更多的知识。实际上，大部分家长的做法可能正好与此相反。当孩子学会一个知识点的时候，家长完全不去夸奖；而当孩子学不会的时候，家长就高声叱责。这种做法只能让孩子越来越讨厌学习。如果孩子厌学，可以说是家长一手造成的。

💬 应聘面试时应该强调什么

　　应聘面试的时候，与强调自己之前做过什么相比，应聘者更应该强调自己今后能做什么，也就是说自己具备什么样的潜在能力。这种做法更容易获得面试官的认可。

　　位于美国加利福尼亚州的斯坦福大学的扎卡里·托马拉进行了一项调查，让调查对象对"如果你是NBA球队的管理者，明年会给这名球员多少年薪？"这个问题做出回答。调查时，调查对象会阅读球员的履历。不过，调查人员实际上准备了两份履历：一份履历只强调球员在过去五年的成绩；另一份履历除了强调球员过去五年的成绩外，还强调了球员的潜在能力，即进入第六年后，球员预计可以取得的成绩。然后，调查人员让调查对象以球队管理者的身份回答第六年愿意向球员支付的年薪。调查结果显示，当球员的履历只强调过去取得的成绩时，该球员的年薪为426万美元；当球员的履历在介绍过去取得的成绩的同时，也强调球员的潜在能力时，该球员的年薪增加了将近100万美元。

由此可知，在应聘面试中，应聘者不要太强调过去的成绩。类似于"我曾经获得过××奖"的表达方式会显得应聘者有些自满，给面试官留下的印象也可能不太好。应聘者与其强调过去的成绩，不如强调自己的潜在能力，比如自己有实力在三年以内夺得××奖，这样可以提高被录用的概率。

人们往往认为强调自己过去取得的成绩能让面试官给出较高的评价，但实际上这种认识是错误的。即使过去的成绩并不理想，但应聘者只要强调自己具备什么样的潜在能力，今后可以取得什么样的成绩，就能获得面试官的赏识。

💬 意想不到的简单瘦身法

相同分量的食物装在大盘子里会让人感觉分量比较少，而装在小盘子里会让人感觉分量比较多。因此，与装在大盘子里相比，同样多的食物装在小盘子里会让人感觉吃到了更多。像这样将食物装在小盘子里吃，即使实际上吃得比较少，也可以让人产生饱腹感。

美国佐治亚理工学院的库特·伊特叙通过实验证明了这一点。在实验中，伊特叙要求实验对象把某品牌的西红柿汤倒入大小不同的盘子里且尽可能地倒入感觉上相同的分量。实验结果显示，实验对象倒入小盘子里西红柿汤的实际分量比倒入大盘子里西红柿汤的实际分量少8.2%。因此可以推断，人们用小盘子吃饭比用大盘子吃饭能少吃10%左右。

人们如果想要减肥，可考虑给自己换上一些小一点的餐具，这样能达到少吃的目的。

另外，这个原理还可以运用到餐饮店的营销中。如果我是餐厅的经营者，就会尽可能地使用小一些的餐具。因为小一些的餐具会显得菜品分量多，把菜品装入较小的餐具，能让客人觉得菜品分量更多，进而感到"店家待客非常大方"。可如果把相同分量的菜品装入较大的餐具，客人可能会觉得店家十分小气。使用较小的餐具不仅可以让客人更加满意，而且还有利于控制成本，可谓是一举两得的好办法。

❤ 善于洽谈业务的人都做哪些事情

商务洽谈涉及花费大量资金，所以双方都会认真对待，甚至不惜在洽谈中唇枪舌剑。这个时候，己方不妨以缓和洽谈气氛的心态，逗对方一笑。因为只要能让对方笑出来，洽谈就能顺利进行。人在开怀大笑时，心胸会变得宽广，态度也不会非常强硬，人往往会觉得这次可以让一让，从而在洽谈中做出较大的妥协。也就是说，玩笑可以决定一场洽谈的成败。

美国堪萨斯大学的凯伦·奥库因进行了一项实验，该实验把实验对象分成卖家与买家，让他们进行绘画作品交易的洽谈。在实验中，决定实验对象成为卖家或买家的方法是抽签。签已预先处理过，可保证实验的托儿成为卖家，而真正的实验对象成为买家。无论买家给出什么样的价格，最终托儿都会同意便宜2000美元，并且说出"这已经是最低价了"。进行洽谈时，托儿还会跟一部分买家开玩笑，说："这是最低价。我还可以赠送我的宠物青蛙。"对于这句玩笑，我也不知道哪里好笑，不过美国人可能确实觉得好笑。而托儿与另一部分买家进行洽谈时，只说："最低价格就是××美元。"

那么，托儿开玩笑是否真的可以让买家做出让步呢?

实验结果显示，托儿开玩笑后，买家确实会做出让步，其比例达到53%。如果托儿不开玩笑而只是告诉买家能便宜2000美元，那么愿意让步的买家数量会有所减少，只有45%的买家最终做出了让步。

如果己方开玩笑能够让对方笑出来，就能促使对方在洽谈中做出让步，这一点通过实验得到了证明。

即使玩笑十分无聊，也要说出来。只要能逗笑对方，那接下来的洽谈就会变得容易许多。如果对方没有笑出来，那就再开别的玩笑，直至对方不情愿地笑出来。不情愿地笑也是笑，可以让洽谈的气氛变得融洽，从而使对方做出让步。

💬 砍价时不能做什么

砍价时，人们应该尽量给出有零有整的金额。虽然没有零头的金额便于计算，但人们会因此被交易对方轻视。

"100万日元怎么样？"不如"1065000日元怎么样？"因为后者可以让对方感到"对面这个人是个懂行的人"。此外，给出有零有整的金额还可以让对方做出更大的让步。

美国哥伦比亚大学的玛利亚·梅森在网上召集愿意参加模拟砍价实验的志愿者，最终有280人报名参加。这些志愿者即实验对象的平均年龄为30.4岁。模拟砍价实验的内容是收购珠宝，让珠宝店的店主跟出售珠宝的人砍价。实验对象扮演店主，从出售珠宝的人手中收购珠宝。出售珠宝的人会给出三种价格：19美元、20美元、21美元。按照梅森的假说，当出售珠宝的人给出20美元这种没有零头的金额时，店主会觉得这个人不太懂珠宝，然后放心大胆地开始砍价。实验结果证明了梅森假说的正确性。

如果某个人给出没有零头的金额，交易对方就会认为这个人很好对付，只要自己强势压价，这个人就一定会做出让步。但如果某个人给出的是19美元或者21美元这种带零头的金额，交易对方一般会觉得这个人一定是因为有足够的依据，所以才给出了这种带零头的金额。也就是说，交易对方感到这个人是个懂行的人，因此不敢大幅砍价。

因此，在洽谈价格的时候，人们要尽量给出有整有零的价格。即使给出的这个价格根本没有什么依据，交易对方也会觉得这个价格肯定是经过了仔细的计算。

如果给出的价格是10万日元或者100万日元这样没有零头的价格，那就会被交易对方视为什么都不懂的外行，自己的底牌也会被看穿，因此一定要注意。

💬 做简报时可以使用数字"三"的魔力

日本人对"三"这个数字情有独钟。有很多含"三"的谚语，例如"三次为真""早起三分利""佛面亦不过三"，还有"御三家""三本缔""万岁三唱"等这些含"三"的特有名词。西方国家也有类似的习惯，这种习惯被称为数字"三"的魔力。

无论在日本还是西方国家，可能"三"都是一个正合适的数字。一、二给人感觉略微有点少，四及以上则又显得有点多。

人们知道了这个道理后，当做简报（PPT）时，可以将汇报内容归纳为三个要点。无论是上门推销，还是在婚礼上讲话等，人们都要牢记想表述的内容不要超过三个要点，讲四个就显得有些啰唆了。

美国加利福尼亚州立大学❶的苏珊·舒针对数字"三"的

---

❶ 加利福尼亚州立大学（简称加州州立大学），是美国加利福尼亚州的一个公立大学系统。——译者注

魔力进行了实验。实验的内容是对谷物新产品进行评价，共分三种情况，即评价时强调两个优点、强调三个优点和强调四个优点，并对每种情况的效果进行比较。

在与过去的产品进行对比之后，确定了新产品的四个优点，分别为更健康、更好吃、口感更好、品质更高。实验中，对这四个优点进行任意搭配，构成两个优点的评价、三个优点的评价以及四个优点的评价，并让实验对象给这些不同的评价进行打分。

实验结果显示，两个优点和四个优点的评价的得分都不高，三个优点的评价的得分最高。也就是说，评价强调任何优点都可以，重要的是优点的数量是三个。

如果只强调更健康、更好吃这两个优点，似乎显得少点什么，而且读起来韵律也不好。如果强调四个优点，变成更健康、更好吃、口感更好、品质更高，又显得拖泥带水。不仅如此，由于四个优点的评价中强调的全是优点，有可能还会引起实验对象的反感。而像更健康、更好吃而且口感更好这种强调三个优点的评价，可能是最合适的。

日本人对新年做的第一个梦的吉利程度有这样一种说法："一富士、二鹰、三茄子"。实际上这句话还有后半句："四扇、五烟草、六座头"。但如果全部说出来，会给人留下拖沓之感，因此，通常人们只说前半句。

💬 了解人性的心理测试

可能有点唐突，这里想让各位读者做一项小小的心理测试。

请用手指在自己的额头上写一个大写的英文字母E。是不是很简单？写完了吗？那么，我要提问了。各位读者写的E的缺口是朝哪个方向呢？是从自己视角看到的E，还是从别人的视角看到的E？

这个心理测试是美国纽约市立大学[1]的格伦·哈斯开发的。哈斯进行自我意识度量标准的测试时，让被测试者在自己的额头上写E，然后他针对这一课题进行研究。

研究结果显示，在公共意识较高的人群中，有54%的人写的是让别人可以看懂的E，也就是从自己视角看上去是Ǝ。而在公共意识较低的人群中，只有32%的人采用了可让别人看懂而从自己视角看上去是Ǝ的写法。

像平时总想着"别人是怎么看我的？""我在别人心中是

---

[1] 纽约市立大学是美国纽约市公立大学系统的总称。——译者注

什么形象？"这种很在意别人看法的人，在写E的时候，往往
会无意识地以别人能够看懂的方式书写，因此，他们写出的E
从自己视角看就是Ǝ。而不太关心别人的感受、以自我为中心
的人，基本上只会考虑自己，因此，会从自己视角看是E的方
式书写。

假设我是企业里负责招聘的人，如果想要招到对顾客服务
态度好、热衷关心同事的人，那么我会让应聘者在自己额头上
写E。如果写出的E能够让我看懂，那这个人一定是一个很在意
别人感受的人。

这个心理测试不需要借助任何工具，而且立刻就能知道结
果，各位读者可以让朋友试一试。

有了意中人，但又不知道是否应该表白，这个时候，这个
心理测试就能帮上忙。可以让你的意中人在额头上写一个E，
如果写出的E是从你视角可以看懂的（从对方视角看是Ǝ），那
你的意中人应该是一个非常关心另一半的人。知道了这一点，
你可能更加放心向他表白。

❤ 在外表上多花钱可以提高收入

注重打扮是非常重要的。只要认真打扮，任何人都能变得充满魅力。

不可否认，与生俱来的容貌会对一个人的魅力产生影响，但容貌不是决定外表的唯一因素。人们花费在打扮上的时间和金钱也是影响外表的重要因素。人们花费在打扮上的金钱绝不会白花，因为打扮能够提高自己的收入。每个人都想跟外表好看的人一起工作。如果两个人的工作能力不相上下，那么人们一般都倾向于把工作交给外表好看的人。

美国得克萨斯大学的丹尼尔·哈默梅什对每周工作30个小时及以上的835名已婚女性进行调查，调查的内容是这些已婚女性的收入，以及她们在服装和化妆品上的消费金额。调查结果显示，在服装和化妆品上花费较多的人的收入要比花费较少的人的收入高15%以上。这证明打扮确实可以提高收入。哈默梅什的上述调查结论——打扮可以提高收入，同样适用于男性。

人们细心打扮，能让自己感到"我很有魅力"，这样可以增强自信，能够落落大方地与他人接触。没有打扮的人可能会觉得自己的魅力不够，因此行事会比较拘谨，这样可能会导致他很难顺利开展工作。

如果某个人总是蓬头垢面、穿得脏兮兮的，那么周围的人一定会对这个人不屑一顾。人们都会有"我不想跟这种人接触"的想法。像这种不注重外表的人，无论做什么工作，遇到的阻力都会比较大。

不管人们从事什么工作，外表都十分重要。完全与外表无关的工作其实非常少。"人的价值不取决于外表""男人靠的是内涵"，现在还持这种陈旧观点的人可能已经不多了，不过仍然有不少男性对自己的外表很不在意。这里我要再次强调一下，把自己打扮得漂亮一点是非常重要的。

第2章

洞察内心不确定性的心理学研究

♥ 正确评估自身能力的方法

人们往往会想当然地认为：他们只要愿意，就能够完全控制住自己的欲望。例如，"我只要愿意，马上就能把烟戒掉""只要愿意，减肥这件事太简单了""只要愿意，每天想学习多长时间就能学习多长时间"。

其实，人们都很幼稚，完全不了解控制欲望这件事究竟有多难：既不知道控制想吸烟的欲望有多难，也不知道控制想玩的欲望而去学习这件事情会有多么折磨人。

人们如何才能对自己控制欲望的能力进行正确的评估呢？有一个好方法，那就是人们在感到疲惫或饥饿的时候评估自己的控制能力。通过切身体会来了解控制欲望究竟有多难，人们就能对控制欲望的能力有一个更加客观的评估。

美国伊利诺伊州西北大学的罗兰·诺格伦做了一项实验，让实验对象坚持一周不吃自己喜欢的甜点，统计最终坚持下来的人数。实验对象如果能坚持一周不吃自己喜欢的甜点，就可以得到4美元的奖励。诺格伦向将要进入自助餐厅准备用餐的人提问："你可以坚持一周不吃自己喜欢的甜点吗？"这些被提问者（实验对象）正准备用餐，应该比较饿。诺格伦让他们进行评估，看自己能否坚持下来。一周之后，诺格伦对实验对象进行跟踪调查，统计坚持下来的人数，结果有60.5%的人对自己控制欲望能力的评估是准确的。

诺格伦还向走出自助餐厅的人进行了同样的提问。而被提问者（实验对象）刚在自助餐厅里吃过饭，他们过高地估计了自己控制欲望的能力。一周后的统计结果显示，对自己控制欲望能力评估准确的人的比例只有39.0%。

💬 下雨天膝盖真的会疼吗

关于天气，人们有各种各样的观念或者认知。实际上，与其说是认知，倒不如说是伪科学。例如，我们应该都听说过"下雨天膝盖会疼"这种说法，但这种说法是真的吗？

加拿大多伦多大学的唐纳德·雷德迈尔对18名类风湿关节炎患者进行了为期15个月的观察，让这些患者记录自己的病情，并根据患者的记录来了解他们的病情什么时候加重，什么时候有所缓解。

同时，雷德迈尔也收集了患者居住地的天气信息，包括气压、温度、湿度等。这是为了拿到患者病情记录后进行相关影响因素的分析。

另外，雷德迈尔在实验开始前的调查中了解到，这18名患者中，有17人相信天气与自己的类风湿关节炎有密切联系，有16人认为这种联系非常紧密，只要天气不好，他们当天就会感到疼痛。

根据实际收集的天气情况数据进行对照，得到的结论是无论气压、温度还是湿度，均与类风湿关节炎病情没有任何联系。

下雨不会导致类风湿关节炎的病情加重，湿度较高也不会导致类风湿关节炎病情加重。"下雨天，膝盖会疼"只不过是人们的一种臆想而已。

雷德迈尔还将天气情况数据与患者给出的病情记录的日期错开并进行同样的对照分析，分为同一日天气情况与前两天的病情、同一日天气情况与前一天的病情、同一日天气情况与后一天的病情、同一日天气情况与后两天的病情这几种对照组合。但是，得到的结论仍然是天气情况与类风湿关节炎病情无关。

人们总觉得天气与疾病是有联系的。有的人认为天气变化可导致慢性疾病病情加重，但实际上这只不过是人的一种错觉而已。即使两者真的有什么联系，也不过是人自我暗示的结果。给自己一种暗示，想着"下雨天我的膝盖会疼"，这样人们可能会感到膝盖疼，但并不是天气真的对膝盖产生了什么不好的影响。

💬 只有日本存在日趋严重的社会孤立吗

有一个词叫作"孤独死"，它表示在无人照顾的情况下人孤独死去的意思。在日本的乡村，由于人口数量逐渐减少，独自生活的人变得越来越多。

那么，在日本东京这样的大城市里人们是不是就不会感到孤独？答案是否定的，在大城市里同样有很多人处于社会孤立的状态。当在电视新闻上看到类似消息时，人们可能会觉得"社会孤立在日本日趋严重了"。但是，只要看一看其他国家的数据人们就能发现，日趋严重的社会孤立现象并非只发生在日本。了解到这一点后，人们的想法也许会有所改变。

美国亚利桑那大学的米勒·麦克弗森发表了一篇名为《美国的社会孤立》的论文。论文中，麦克弗森采用了美国综合社会调查[1]（General Social Survey, GSS）1985—2004年数据，分析

---

[1] 综合社会调查是美国具有代表性的针对普通国民的大规模社会调查。——译者注

了这20年处于社会孤立状态的人数增加了多少。

关于"你可以向其倾吐心里话的人有几个？"这个问题，1985年的平均数据是2.94个；但到了2004年，这个平均数据减少到2.08个。

另外，1985年，不会跟任何人讲心里话的人数占统计总人数的10.0%，只跟一个人讲心里话的人数占统计总人数的15.0%。到了2004年，不会跟任何人讲心里话的人数比例增加至24.6%，只跟一个人讲心里话的人数比例增加至19.0%。

提到美国人，人们一般会有这样一种印象：他们经常参加聚会，非常喜欢社交。但是，在短短的20年时间里，美国人的生活发生了巨大的变化。与日本的情况相同，在美国把自己封闭起来、尽量不跟别人交往的人数在逐渐增加。

有的人可能会觉得现在的日本人喜欢按照自己的意愿、不受束缚地生活，因而都很孤立。甚至有学者对此还非常焦虑，认为照这样继续下去，日本的社会就会崩塌。

处于孤立状态的人不断增加，这种现象并非日本独有，美国也面临同样的问题。可能这是一个在发达国家普遍存在的现象。

❤ 戴着听诊器就能获得患者的信任

我在前文分析了戴眼镜可以大幅改变人们在别人心中的印象，同样地，听诊器这种医生使用的医疗器具也是一个有类似功能的小工具。是否戴着听诊器，医生给人的印象也大有不同。

英国伯明翰城市大学的乔治·卡斯尔丁发表了一篇名为《外表印象非常重要》的论文，论述了戴听诊器对医生的专业形象来说是十分必要的。

无论医生的医术有多高、知识有多丰富，他只要没有戴着听诊器，就不禁会让患者觉得有点信不过。听诊器是一个可有效提高医生权威性的工具。

日本人常说："看人时，其外表决定了他的印象的九成。"人们经常通过外表来对别人进行评价，只要医生的脖子上挂着听诊器，那么患者会很容易相信医生的专业性，并尊重医生，因而听诊器对医生来说，确实是一个非常有效的工具。

卡斯尔丁还建议本职工作中不需要使用听诊器的护士也最

好戴上听诊器，其理由当然也是这样可以让患者更愿意听从护士说的话。

就连那些工作中完全不会用到听诊器的照护服务工作者也应该戴上听诊器。大部分人对听诊器的印象就是权威医生的象征，这么一个小小的工具就能增加患者对医护工作者的信任。

我很少上电视，但曾作为心理学家参加一档电视节目的录制。当时节目组的工作人员为我准备了一件白大褂，可在那之前，我从来没有穿过白大褂。可能节目组是想尽可能地给我增加一些权威性，所以才给我准备了白大褂这件道具。白大褂跟听诊器一样，都可以简单有效地提高使用者的权威性。

只要使用一些小工具，就能让自己给人的印象变得更加知性，让自己看上去更像一名专业人士，这完全没有什么难度。戴上眼镜、脖子上挂上听诊器、穿上白大褂，此时看到你的人基本上都会觉得你是一个专业人士。

💟 当听到听不懂的话语时的想法

当听到自己完全无法理解的话语时，你会作何感想呢？人们一般不会觉得对方在说胡话，而是会认为自己可能没理解，是自己的原因。我上大学的时候也读了不少哲学著作，但完全没理解书里讲了些什么。不过，那时的我没有觉得写书的哲学家有什么问题，一心认为是我自己的理解能力不够。

当听到貌似专业且深奥的话语时，即便内容不知所云、毫无逻辑，人们也会认为是自己的问题，不会认为是对方的问题。

美国南加利福尼亚大学的唐纳德·纳夫图林做了一项非常大胆的实验：在教育学会的会议上，让人进行一次内容全部为编造的学术演讲。在非常正式的学术会议上做这种事情是很不严肃的，而且可能遭到斥责，但纳夫图林还是做了。

纳夫图林事先对一个名为迈伦·L.福克斯，拥有博士学位的人进行了宣传，称其为人类行为数理应用研究的权威专家，并让其出席了教育学会的学术会议。不过，这个"福克斯博士"并非真实人物，他其实就是一个门外汉。

由于本次学术会议有精神科医生、心理学家、社会工作者等专家出席，不能让一个门外汉去即兴演讲，因而纳夫图林对这个"福克斯博士"进行了严格的训练。最终"福克斯博士"可以做到就"体育教育中数理博弈论的应用"这个听上去很像那么回事的题目做60分钟的演讲。当然演讲的内容都是编造的。而且，纳夫图林还针对30分钟的问答时间对"福克斯博士"进行了训练，使"福克斯博士"能够用一些模糊不清的话语以及纳夫图林编造的概念、完全没有联系的内容来搪塞听众的提问。

"福克斯博士"演讲的内容自然是云里雾里，但是听众的反响如何呢？

纳夫图林在演讲结束后进行了问卷调查，来了解听众的感想。调查结果显示，回答"我认为演讲举出了足够多的具体例证"的人数占听众总数的90%；回答"我认为演讲的条理非常清晰"的人数占听众总数的90%；针对"内容是否很前沿"的问题，竟然全部听众都回答"是"。

我再重复一遍，演讲的内容实际上毫无逻辑，全部是编造的。尽管谁都不可能听懂演讲的内容，但与会的专家却异口同声地称赞"这是一场非常精彩的演讲"。

由此可知，面对自己无法理解的话语，人们会认为这是因为自己的头脑不太好使，而不是去责怪对方。

💬 投票地点可改变人的意见

人们受自身所处环境的影响。根据自己所处环境的变化，人们的意见也会随之发生变化，而且行为方式和具体的行为也会发生变化。

这一点在选举中也是一样。选民的意见及态度，并非自始至终都保持一致，在不同的情况下发表意见，意见的内容可能有所变化。

在美国，选民的投票地点一般都被设定在教堂或学校。选民会被告知"你在××教堂投票""你在××小学投票"。

美国宾夕法尼亚大学的乔纳·博格提出了一个假说。被分配到学校投票的人，对需要增加教育投入这一议题，更倾向于投赞成票。

为了验证这个假说，博格对2000年亚利桑那州的选举结果进行了调查。亚利桑那州的这次选举争论的焦点是：为了增加教育支出，是否应该把州税的税率从5.0%提高到5.6%。

博格调查的结果显示，被分配到学校投票的选民中，有

56.02%的人认为提高税率是必要的措施并投票赞成，而在其他地方投票的选民中，有53.99%的人投了赞成票。不要觉得这是只差2%左右。在针对生活中的重大事项进行抉择的选举中，2%的差距实际上具有相当大影响力。

博格还对选民的政治信仰、年龄、性别等因素进行筛选，在此基础之上，对在学校投票的人与在其他地方投票的人进行了比较。调查结果还是显示，在学校投票的人更倾向于认为为了教育，有必要提高税率。

关于在哪里投票这件事情，可能比人们想象的重要得多。

选择在对选举结果不产生影响的地点投票，当然是最理想的，但这种具有中立性的地点实际上很难找到。投票地点不仅要便于选民前往，而且该投票地点最好还与选举具体事宜无关。

♥ 当人意识到死亡时会思考什么

　　查尔斯·狄更斯有一部名为《圣诞颂歌》的小说。在小说中，冷酷无情、视财如命的主人公斯克鲁奇在圣诞夜被圣诞精灵造访："过去之灵""现在之灵""未来之灵"。"未来之灵"看到了自己衰老之后，卧病在床、无人来访的孤苦景象。斯克鲁奇不想这么老去，于是改过自新，开始努力做善事。

　　心理学上有"斯克鲁奇效应"一词，就是来自《圣诞颂歌》的主人公斯克鲁奇。这个概念是指当想到与死亡有关的事情时，人就会想做善事。

　　德国慕尼黑大学的伊娃·约纳斯提出了一个假说，认为在类似于殡仪馆门前这类地点，任何人都会无意识地意识到死亡，因而会在不知不觉之中想做善事。

　　为了验证这个假说，约纳斯分别对殡仪馆门前及看不到殡仪馆的150米处的行人进行了问卷调查。针对10种慈善活动，让行人回答"你认为这种慈善活动有多大益处？"并对每种慈善活动分别进行打分，分值为1~10，满分为100。

调查结果显示，在殡仪馆门前接受调查的人，所给的平均分为50.75分。在看不到殡仪馆的150米远处接受相同调查的人，所给的平均分为43.93分。

通过这个实验可以清楚地知道，如果眼前就是殡仪馆，不知什么原因人们做善事的想法就会变得强烈，认为慈善活动非常重要的人数就会增加。无论是谁，当意识到死亡时，就会产生为社会多做一些贡献以及对别人更好一点的想法。

在美国的富豪中，很多人在年轻时总是做一些出格的事情，但到了晚年却做出诸如捐献大笔财产来修建图书馆的善举。被称为"钢铁大王"的安德鲁·卡内基和微软公司的创始人比尔·盖茨在年轻时有些顽劣，但两个人后来都捐出了巨额财产。

像他们这样的人，很可能是随着年龄增加，突然在某一时刻开始意识到死亡，因而，在"斯克鲁奇效应"的作用下，为这个社会做一些贡献的想法开始变得强烈，于是决定捐献巨额财产。

💬 政府公告可信吗

当人们做噩梦的时候，会担心这个梦会不会是一个灵验的梦。尽管只是一个梦，且没有任何根据，但人们总觉得可能真的会发生什么不幸的事情。

美国的卡内基梅隆大学的凯里·莫尔维奇找到了人们害怕噩梦的原因。莫尔维奇针对美国波士顿某个车站的通勤类乘客进行调查，对一部分调查对象提出以下的问题。

假如你已经计划好乘飞机出行，但在出发的前一天，政府发布公告称相关地区遭遇恐怖袭击的风险较高。此时你还会按原计划出行吗？

调查对象回答此问题，并进行打分，满分为5分，其中，"肯定会按原计划出行"为1分，"肯定不会按原计划出行"为5分。结果绝大部分人都打了1分，也就是说，即使政府发出警告，大部分人也会按原计划出行。

莫尔维奇对另一部分调查对象提出不同的问题，具体如下。

假如你已经计划好乘飞机出行，但在出发的前一天，梦见自己乘坐的飞机坠毁了。此时你还会出行吗？

调查对象会如何回答呢？打分要求和上一个问题相同，本问题得到的平均分约为1.5分。这说明大家的答案还是倾向于不会取消行程，但是可以看出，与政府的公告相比，大家更怕灵梦。

莫尔维奇认为，这表示人们更愿意相信自己的直觉。

常识告诉人们，政府应该不会发布不负责任的信息，因而政府公告显然更值得相信。可实际上，与政府公告相比，人们却更相信梦，这是不是有点不可思议？

当然，人们的直觉有时也会应验。1912年，英国豪华游轮泰坦尼克号即将起航，美国富商洛克菲勒不知为何突然感到胸口不适，便临时取消了行程，从而逃过一劫。

虽然现实中偶尔可以见到这样的例子，但如果政府已经发出了公告，我觉得还是老老实实地按照公告的指示去做为好。

❤ 瘦身磁带真的可以减重吗

杂志封底的背面经常刊登一些奇怪的邮购销售广告，例如幸运水晶、项链、戒指、护身符等。广告宣称只要买了这些商品，人们就能财源广进，中彩票大奖，变得异性缘极佳等。这给人感觉不是很靠谱。

这些奇怪的商品中还包括瘦身磁带。卖家的说法是听这个瘦身磁带，就能迅速减掉体重。这真的管用吗？

加拿大滑铁卢大学的菲利普·梅里克尔对这个问题产生了兴趣。他在市场上购买了瘦身磁带并通过实验来验证其效果。

梅里克尔召集了一些体型较胖的女性，让部分女性每天听1~3小时瘦身磁带。之后的调查显示，可能大家确实很想瘦身，平均每天听1.4小时的瘦身磁带。

对于另一部分参加实验的女性，梅里克尔也要求她们听瘦身磁带。不过，磁带的内容被换成了其他内容，播放的是口腔医院用来缓解患者紧张情绪的内容。这些参加实验的女性并不知道磁带内容被换，每天还是非常用心地听着内容被换的瘦身磁带。

另外，梅里克尔还让前两个群体之外的女性进入所谓的等候名单，告诉她们"目前磁带数量有限，所以需要你等待一段时间"。

就这样，五个星期后，梅里克尔对全部参加实验女性的体重进行了测量。结果显示，听了真正的瘦身磁带的一组，体重降低了。单看这个结果，似乎会让人觉得瘦身磁带确实有减重的功效。可实际上并非如此，因为听内容被换的瘦身磁带的那组女性的体重同样降低了。而且，进入等候名单的那组女性，不知道为什么，体重也出现了与其他两组女性相同程度的降低。实际上，实验结果是参加实验的所有女性都减掉了一定的体重。

为什么会出现这样的结果呢？

梅里克尔是这样分析的。其实，瘦身磁带本身并没有什么功效，但是，每天听瘦身磁带这件事会提醒人们注意自己的体重，因而她们就会自觉地控制食量，体重就是这么减下来的。听内容被换瘦身磁带的那组女性，其瘦身的意识同样也会增强，这会让她们在不知不觉中减少了食量，而进入等候名单的那组女性，也会不断提醒自己马上就要参加瘦身实验了，所以很自然地开始控制饮食。

因此，瘦身磁带本身并没有什么能被观察到的瘦身功效，而总是意识到瘦身这件事才会对降低体重有所帮助。

💬 如何正确预测自己的未来

人们很容易对自身做出过高的评估，总会这么认为："要是我的话，肯定能做好""要是我的话，肯定能很快完成"。因此，当人们预测自己的未来时，预测结果经常会与实际情况严重不符。

我给大学生布置写报告的作业，大部分大学生会觉得自己肯定能按时提交。可是，或是因为忙于实习，或是因为突然与朋友相约出游，其实很多大学生都不能做到按时提交。

那么，如何才能更正确地预测未来呢？人们要做的是，不要想着"如果是我会怎样"，而是要思考"如果是别人会怎样"。这样就能做出更加正确的预测。

美国纽约州康奈尔大学的尼古拉斯·埃普利在加拿大癌症协会的"水仙花日（Daffodil Days）"[1]开始的五周前，让学生

---

[1] 加拿大癌症协会的志愿者们认为水仙花将带来战胜癌症的希望，从此水仙花成了癌症认知宣传的象征。加拿大癌症协会于1957年春天提出第一个"水仙花日（Daffodil Days）"。——译者注

回答"你会在义卖活动上购买水仙花吗"。结果有83%的人回答"至少会买一盆"。而在回答"你觉得你们班的其他同学会不会买"这个问题时，只有56%的人回答会买。

在"水仙花日"义卖活动（为期4天）结束后，埃普利对有多少学生买了水仙花进行了调查。调查结果显示，实际上只有43%的人买了。虽然有83%的人回答自己会买，但真正买的人却不到一半。这表示大家针对自己的预测严重偏离了实际情况。

当被问到"你认为别的同学会不会买？"时，有56%的人预测会买，实际有43%的人确实买了。这说明，在思考别人会怎样做的基础上做出的预测更接近实际情况。

从自己的立场出发来做预测，基本上很难与实际相符。因此，在对未来进行预测的时候，人们应该从如果是别人的话会怎样的角度来思考问题，这样能得到更准确的结果。

对具体工作或者某个项目的预算和周期进行预估时，不要想"如果是我的话"，而要思考"如果是别人的话，需要花多少钱和多长时间能完成"，这样才能更准确地估算出所需的预算及周期。

💬 你能记住朋友的生日吗

大家来试一试，选择10个朋友。在这些朋友中，你能准确地说出其生日的有几个？"哎，A的生日我知道，但B的生日我不清楚"，估计大家的情况会是这样。

和有的朋友关系虽然不怎么亲密，但人们却记住了这个朋友的生日，而和有的朋友关系尽管非常亲密，但人们却不知道这个朋友的生日是哪天。

实际上，能不能记住朋友的生日与生日日期距自己的生日近不近有关。例如，如果是8月出生的人，那么会更容易记住8月及7月、9月的生日，而对2月、11月这种较远的生日则不太容易记住。

在心理学中，这种现象被称为自我参照效应。对与自己相近或者相关的事物，我们会更加关注，也更容易记住。而对于距自己较远或者不太相关的事物，我们就很难记住。

美国弗吉尼亚大学的塞林·凯塞伯进行了一项实验，让225名大学生写出10个朋友的名字，如果能够准确地记住朋友的生日，则将其生日也一起写出。然后，凯塞伯让每名参加实验的大学生通过记事本或者脸书（Facebook）来核对朋友的生日。

实验结果显示，能被正确记住生日的朋友人数平均为4.72人。

接下来，凯塞伯还调查了被记住的生日与实验对象生日的相差的天数，结果发现相距比较接近。被记住的生日和实验对象自己的生日平均相隔78.9天。而对没被记住生日的朋友而言，其生日与实验对象生日相距较远，平均相隔98.4天。

另外，凯塞伯发现这个问题还存在男女差异。相较于男性，女性更能记住朋友的生日。在10个朋友之中，男性平均能记住的是3.38人，而女性则能记住5.26人。

这可能是因为男性不太在意朋友的生日，而女性则重视与朋友的关系，因而也就更容易记住朋友的生日。

💬 为什么无法忘记失恋的经历

喜欢条件远好于自己，或者不该喜欢的人，这种情况在现实中经常发生，并不是只在小说或者电视剧中才能见到。

遇到这种事情，人们一般会告诉自己"反正这种恋爱是不会有结果的，就不要再想着那个人了"，以此来抑制自己的爱慕之情。但是，非常遗憾的是，人们越是有意识地不去想那个人，那个人就越是会出现在自己的脑海里。

美国马萨诸塞州哈佛大学的丹尼尔·韦格纳做了一项实验，让实验对象回忆单相思且最终没有结局的恋爱经历，其中单相思的对象不能是演艺界人士，必须是与自己有接触的人。

韦格纳让一组实验对象在睡前5分钟尽量不去想那个人，要去思考别的事情，并把出现在头脑中的事物以日记的形式记录下来。

这一组实验对象每天早上醒来，还必须记下自己昨晚做了什么梦。虽然这些实验对象已经被要求过，即在睡前不要去想那个人，但实际上有34.1%的人梦到了自己的单相思对象。另一组实验对象被要求在睡前5分钟想着自己喜欢的那个人，但只有28.2%的人梦到单相思对象。

实验结果显示，当实验对象被要求不要去想那个人时，梦见那个人的比例反而更高。

韦格纳还让实验对象想起对其没有恋爱感情的人并做了相同的实验。要求实验对象睡前不要去想那个人时，有19.1%的人会梦到那个人；而要求实验对象在睡前可以随便想着那个人时，只有16.5%的人会梦到那个人。

人们的思考模式好像存在着一种反弹效应，越是告诉自己不要去想，实际上就越是要去想。

"不去想"这种做法在心理学上并不是一种好的疏导方法。其实，自己可以任意去想，直到感到满足为止，反而之后就不太会去想了。

如果总是忘不掉曾经喜欢的人并整天郁郁寡欢，那是因为人们一直在强迫自己不要去想那个人，从而导致过去的回忆总是消失不了。

💬 领导者无须善于社交

在推举领导者的时候，大多数人都会选择那些积极主动、善于社交、健谈的人。因为大家觉得这样的人更像一名领导者。"Leadership"这个词被翻译成"领导力"，也就是说，越是具有可引领大家前进能力的人，越容易被认为适合成为领导者。性格内向、不愿主动与人讲话的人以及比较谦虚的人，一般都不会被推举为领导者。

另外，比较神经质、总喜欢关注一些琐碎小事的人也不太会被推举为领导者，因为大家觉得神经大条一点或者比较有魄力的人更适合做领导者。

美国加利福尼亚州立大学的科琳·本德斯基让227名工商管理硕士（MBA，Master of Business Administration）课程的学生每4人或6人结成一组，并用数月时间完成课题的时候，也遇到了同样的情况。

本德斯基让相互并不认识的同学结成小组，并对他们进行观察。第一周，小组中最善于社交的人从小组成员那里得到了

"这个人比较适合做领导者"的评价。这说明开始时，爱说话的人比较容易成为领导者。

但是，到了第十周，小组成员们的评价出现了变化。善于社交的人得到的评价降低了，而神经质的人得到的评价反而提高了。

为什么会出现这种逆转呢？

本德斯基是这样分析的。善于社交的人总喜欢说一些大话，随着时间的推移，小组成员们逐渐会发现，其实这个人能够做出的贡献并没有大家预期的那么大。这样，原来获得较高评价的人就会露出马脚，来自小组成员的评价也就不断下降。

基本上十周左右，小组成员就能发现一个人是不是只会动嘴。因此，善于社交的人往往在开始的时候会给别人留下较好的印象，但之后得到的评价会逐渐变差。

而比较神经质的人因为总是关注一些细小的事情，所以起初会被小组成员们认为是不好相处的人。但是，大家一直在一起做课题，慢慢地会发现这个人做出的贡献其实远远超过了大家的预期，给出的评价也自然会越来越好。

可能有的人会觉得自己不善言谈，总是把心思放在一些小事上而不善于思考大事，因而不适合成为领导者。这样的人，最初可能给人的印象不太好。但是，只要坚持把小事情做好，其他小组成员就能逐渐发现他的优点。即使最初给人的印象不佳，但之后给人的印象也能变得越来越好，因而完全没必要觉得自己不适合做领导。

性格内向的人也是一样。他们往往会显得不够积极主动，因而不太容易在开始的时候给人留下特别好的印象，但随着时间的推移，同伴们逐渐会发现他们身上的优点。因此，我们应该记住，不用急着在人前显示自己有什么优点。

💟 在昏暗的地方人会变得狡猾

在明亮的地方，人不大会做坏事。可能是会感到羞愧，或者不会产生邪念，总之在明亮的地方，人就会显得比较正直，更懂得遵守道德。但是，在昏暗的地方就不一样了。当周围的环境变暗后，人就容易产生邪念，做坏事的心理负担也会降低。

大家知道，很多不好的行为发生在深夜。有的人在白天是正人君子，到了晚上就能若无其事地在街边小便，把空易拉罐随手乱扔。这都是因为昏暗的地方降低了心理负担，使人容易产生邪念。

加拿大多伦多大学的钟晨波发表了一篇论文，名为《良好的照明就是最好的警察》，通过实验证明了人在昏暗的地方会无所顾忌地做坏事。

实验内容如下。钟晨波准备了两间面积相同的房间，其中一个房间里点亮了12盏荧光灯，另一个房间里只点亮了4盏荧光灯。也就是说，一个房间里非常明亮，而另一个房间里的明亮程度只有前者的三分之一。每个实验对象都会得到一个信封，里面装着9张1美元的纸币及4枚25美分的硬币。同时，钟晨波准备了20道考查数学能力的问题，并明确实验对象每答对1道题，就可以从信封中取钱。但是，答案的正确与否由实验对象自己判定，因此，实验对象完全可以随意作弊，把自己的答案判定为正确，之后就能拿着钱离开。

实验结果显示，在明亮房间答题的人，平均答对7.78个问题；而在昏暗房间答题的人，则平均答对11.47个问题，其得到的平均金额比明亮房间的实验对象多1.85美元。

当然，这不是因为昏暗房间里的实验对象的头脑更聪明，他们只不过是在判定答案对错的时候作弊了。

之后，钟晨波询问实验对象是否作弊，得到的结果是，昏暗房间内的实验对象中有60.5%的人表示被自己判定为正确的答案数量比实际情况要多；而明亮房间内的实验对象，有相同行为的人则只占24.4%。

该实验告诉我们，在昏暗的地方，人更有可能会无所顾忌地做坏事。

各种节省能源的举措无疑值得称赞，但因此而大幅减少公司的照明情况可能并不是一个明智的做法。作为一名心理学家，我要告诉你，这样恐怕会让工作中偷懒及偷拿公共物品的人变得多起来。

第 3 章

读起来令人感到害怕的心理学研究

💬 "通灵者"真的能读懂人心

"通灵者""精神咨询师""心灵魔术师"这些类似于占卜师的人，可以说出只有前来咨询的人才知道的事情，这不禁令人大吃一惊。

"你是不是年幼时就失去了父母？"就像这样，他们可以突然说出一些陌生人不可能知道的事情，因此，听者就会觉得这个人是有真本事，但实际上这些人不可能具备这种能力。

其实，从事这些职业的人，只是擅长说一些模棱两可的话，让听者觉得他们说中了什么。如果非要说他们具备什么能力，那绝不是什么超能力、"通灵"能力，而是说话的能力。

例如，假设"通灵者"问前来咨询的人："你是不是年幼时就失去了父母？"而前来咨询的人回答说："不是，我的父母都健在。"此时"通灵者"马上就会说"我指的不是去世，我的意思是你的父母有没有离婚？"或者"你是不是小时候经常一个人在家，所以在精神上感到自己被抛弃了？"以这种方式来进行搪塞，让前来咨询的人觉得他说的是对的。

英国西英格兰大学的苏珊·布莱克莫尔在《每日电讯报》上招募参加心理实验的人，最终收到6238个答复。

让实验对象看一份内容类似"通灵者"语言的表单，然后问实验对象是不是与自己的情况相符。

实验结果显示，对于"你左腿的膝盖上有伤疤"这句话，有三分之一的人回答与自己的情况相符。

大家在洗澡的时候也可以观察一下自己的左膝盖，可能也有伤疤。顺便说一下，我是有的。

虽然被说中的比例很高，但这并不神奇，因为这是一种很常见的现象。大部分人都有儿时在户外活动中摔倒并擦伤膝盖的经历。多数人右腿为利足，肌肉更发达，力量也更大，因而左膝盖摔伤的情况就多一些。

布莱克莫尔还问了"你们家里有千斤顶吗？"和"昨天晚上是不是梦见了久违的朋友？"这两个问题，结果被说中的人分别为五分之一和十分之一。

只要说一些对任何人都有可能适用的话就可以，所以当一个"通灵者"不是一件太难的事情。

💬 缺乏能力的人的误解

学习成绩不佳的学生由于不了解自己的能力究竟差到什么程度，会陷入双重困境。

一个人只有意识到自己的能力比较差，必须加倍努力并付诸实践，才能变得更积极主动，最终实现成长。但是缺乏能力的人会连自己在能力上有所欠缺这件事也意识不到。

美国纽约州康奈尔大学的大卫·邓宁做了一项实验，对于一个满分为45分的考试，让学生估计自己能考多少分。然后组织学生进行了考试，确定成绩排名在前25%的人及后25%的人。

成绩排名在前25%的人基本都能在考试前准确地估计自己的成绩，他们取得了40分以上的成绩。这个成绩跟他们的估计基本一致。但成绩排名在后25%的人则不是这样。他们估计自己的成绩应该在33~34分，但实际上只得到了25分。

邓宁根据这个实验结果，提出了一个观点，那就是能力差的人并不知道自己能力差。

换句话说，大部分人都会过高地估计自己的能力、技术水平和知识的丰富程度，而能力差的人这种倾向就更加明显。

非常奇妙的是，能力越强的人，对自己的评价就越谦虚；学习越勤奋的人，越觉得自己还有很多不足；手艺越高超的工匠，越感到自己的技术还未成熟。

优秀的工匠不会夸口说自己的技术行业第一，越是技术娴熟，越觉得自己能力不足。正因为如此，他们才会为了提高能力而付出巨大的努力。

在这方面，能力差的人往往会误以为自己很有能力，因而不太觉得自己需要努力。他们发自内心地认为自己的能力很强。

其实这些人才需要更努力，但事实正好相反。完全不需要努力的人在努力，而需要努力的人却根本不努力。

💟 孩子被取了奇怪的名字会如何

当孩子出生时，父母祈盼孩子能拥有幸福的人生，因而会绞尽脑汁地为孩子取一个好名字。作为父母，这是很正常的情感表现。应该没有多少父母会把给孩子取名不当回事。

重视取名是非常正确的，因为取什么样的名字对孩子的人生会产生重大的影响。被取了奇怪的名字的孩子可能会被别人嘲笑，从而变得没有自信。一个人的名字就代表着这个人，因此父母才会费尽心思为孩子取名。

实际上，孩子被取了奇怪名字是一件很糟糕的事，他们会因此遭遇很多不幸的事。

美国伊利诺伊州的芝加哥洛约拉大学的亚瑟·哈特曼研究了被取了奇怪名字的孩子长大后的境遇。

哈特曼召集了88名男性，他们的名字非常少见，有"威亚""奥代尔""里萨尔"（意思是致命的）等。同时，他还召集了88名男性，他们名字的使用人数在美国排在前八名。哈特曼让精神科的医生和社会工作者对这些人进行观察。

实验结果显示，名字奇怪的88人中，有17人被认定为精神异常；而在名字较为常见的88人中，只有4人被认定为精神异常。

被取一个奇怪的名字可能会让人的精神出现问题。实验数据告诉我们，确实不应该给孩子取奇怪的名字。

距今大约30年前，有人要给自己的孩子取名为"恶魔"，但遭到相关部门的拒绝。即便是孩子的父母，也没有权利做出对孩子的未来不利的事情。人们如果从这个角度来思考这个问题，就不会觉得相关部门的做法有什么不妥。至少，心理学家会支持我的观点。

名字是极为重要的东西，人们基本上都会成为自己的名字所描述的那个样子。男孩被取名为"勇也""勇树"等含勇敢之意的名字，就真的会变得非常勇敢，女孩被取名为"椿""百合"等含美丽之意的名字，就能长得像花一样美丽，拥有美好的人生。

❤ 表里不一的人会被厌恶

美国印第安纳州普渡大学的埃里克·韦塞尔曼做了一项实验，让三四个人组成一组并努力成为朋友。不过，每组中只有一个人是真正的实验对象，其他人都是托儿。作为托儿的几个人会事先做出决定：要么非常热情地接纳实验对象，要么非常冷淡地对待实验对象。当实验开始后，大家各自按照事先的决定行事。最后，小组成员对组员们给自己留下的印象来相互打分，来评选出最有人气的人。

托儿们对实验对象的评价是韦塞尔曼事先准备好的，他设置了四种条件，具体如下。

条件1：对话中受到礼遇+人气很高=意料之中的受欢迎的实验对象

条件2：对话中受到冷遇+人气很高=出乎意料的受欢迎的实验对象

条件3：对话中受到冷遇+人气很低=意料之中的不受欢迎的实验对象

条件4：对话中受到礼遇+人气很低=出乎意料的不受欢迎的实验对象

接下来，韦塞尔曼进行同组成员的味觉实验，其中，实验对象不知道该实验与上一个实验有关。味觉实验规定，实验对象可以决定给同组成员加多少辣汁，所加入辣汁的量会被当作报复心理的得分。实验结果见表3-1。

表3-1 味觉实验的结果

条件	辣汁的质量 / 克
意料之中的受欢迎的实验对象	1.02
出乎意料的受欢迎的实验对象	2.54
意料之中的不受欢迎的实验对象	9.61
出乎意料的不受欢迎的实验对象	18.69

在上个实验中，受到同组成员热情相待且在评价环节中获得较高分的人，自然没有必要报复其他人，因而只加了少量的辣汁。也就是说，别人对你产生了较好的印象，你不会想要报复别人。人们也发现，如果一个人遭到大家的冷遇或者获得了不受欢迎的评价，就会想要借加辣汁的机会来进行报复。特别是在对话中受到热情礼遇、却在评价环节中获得较低分的人的报复心是最强的。

人们非常厌恶那些表面上待人热情，却在背后说坏话的人，这可能是因为天生不喜欢这种人的两面性。

💬 情绪低落时不能听的音乐

　　听音乐是一件令人感到愉悦的事情。但是需要注意，有的音乐最好不要听，需要注意的音乐类型之一就是乡村音乐。

　　为什么说乡村音乐需要注意？答案就在歌词与主题之中。乡村音乐歌唱的多是没有结果的爱情或者绝望、悲惨的命运等令人感到悲伤的事情。不用说，听到这样的歌曲，人的心情一定会变得沉重起来。

　　美国韦恩州立大学的史蒂文·斯塔克提出了一个大胆的假说，他认为乡村音乐这样令人消沉的音乐会让自杀的人数增加。

　　为了验证这个假说，斯塔克对美国的49个城市进行了调查，来了解这些城市广播电台播放乡村音乐的次数和自杀率之间的关系。

　　调查结果显示，播放乡村音乐的次数和自杀率的相关系数为0.51，这表明两者具有较高相关性。

　　相关系数是表示两个变量之间相关程度的量。当两者为完全负相关时，相关系数值为–1.0；当两者为完全正相关时，相关系数值为1.0。上述实验中，相关系数为0.51，这表示两者之间的相关性为较高的正相关。

广播电台播放乡村音乐次数较多的城市，自杀率也相对较高。当然，自杀率高也不能排除有其他因素的作用，但是经常听乡村音乐的人，情绪容易低落，进而选择自杀，这种可能性还是存在的。

我本人不大听音乐，因此不太了解乡村音乐是一种什么样的音乐，也没有亲身体验过这种音乐会对人的心理产生什么样的影响。

当然，我并不是说乡村音乐不好。如果听了乡村音乐，能让人振奋起来、心情变得愉悦、获得幸福感，那么，我认为就不存在什么问题。但是喜欢乡村音乐的人，可能在不知不觉中情绪变得消沉，因此，我认为还是注意一下比较好。

❤ 会诱导孩子做坏事的音乐

我们继续聊一聊关于音乐的话题。

有一种音乐最好不要让孩子听，这种音乐就是说唱音乐。已有研究发现有的类型的说唱音乐会诱导孩子做坏事，并且强调了不要听某些特定类型的说唱音乐。

加拿大的蒙特利尔大学的戴夫·米兰达做了一项调查，让348名法裔加拿大籍少年（他们的平均年龄为15.32岁）回答喜欢哪种类型的说唱音乐。

在说唱音乐的类型中，像反社会这种内容较多的说唱音乐类型有"黑帮说唱""硬核说唱"等，内容多以暴力为主题。米兰达的假说就是听这些类型说唱音乐的孩子容易做一些出格的事情。

说唱音乐还有"外来说唱"和"流行说唱"等类型，这些类型的内容主要展现舞蹈及欢聚，因此，米兰达认为这类说唱音乐不会诱导孩子去做一些出格的事情。

调查结果显示，米兰达的假说完全正确。通过调查可以知道，喜欢"硬核说唱"等类型的孩子会经常打架；而喜欢"流行说唱"等类型的孩子则没有这种倾向。

听歌曲的时候，人们会受到歌词内容的影响。"不顺眼的人就得往死里揍"，如果每天听到的都是这样的歌词，可以想象，我们很可能会做类似的事情。这种内容的音乐对尚缺乏判断能力的孩子来说，影响非常坏。

如果是具备一定判断能力的成人，可能不太会受到歌词的影响；而正值青春期的孩子，极容易接受暗示，因而很容易受到歌词的影响。

作为父母，可能不太愿意干涉孩子听什么类型的音乐。但我觉得，对某些特定类型的说唱音乐，人们还是应该劝导孩子不要去听。如果说听什么样的音乐是个人自由，我当然不会反对这种观点，但作为父母肯定会担心孩子受到不好的影响。"爸爸不太喜欢这种音乐，所以希望你能听一些更主流一点的音乐"，可以像这样对孩子讲出自己的期望，我觉得是一种恰当的做法。

💟 如何防止随手乱扔垃圾

在道路两旁及中间隔离带的植物中，只要有一个垃圾，就会被不断扔进垃圾。

第一个扔垃圾的人可能多少会有些犹豫，可第二个以及之后的人会觉得"反正别人都扔了，我为什么不能扔"，因而也不会对自己的行为有什么负罪感。如果做了大家都做的事情，人们通常是不会有负罪感的。

无论是餐馆、小商店，还是大酒店，这些地方的门前及停车场都应该保持清洁。哪怕最初的垃圾只有一点点，之后也会堆积如山，这种现象被称为失序的蔓延。

荷兰的格罗宁根大学的蒂姆·卡塞尔做了一个非常有趣的实验，将停车场的墙壁清理干净，并在停车场内的自行车的车把上，用皮筋绑上宣传单，上面写着"祝大家度过愉快的休息日"。在自行车的主人看来，这张宣传单没有什么意义。

到停车场取车的人发现自己的车上有宣传单，但他们中的大部分人都没有把宣传单扔到地上或其他自行车的车筐里。不过，还是有33%的人扔掉了宣传单。

接下来，卡塞尔在这个停车场的墙壁上喷了涂鸦，然后还是在自行车上绑上了宣传单。这一次，有69%的人扔掉了宣传单。停车场内的涂鸦让人们觉得扔点垃圾也不算什么。

另外，卡塞尔还在超市做了类似的实验。有的时候，在停车场里无序地摆放一些顾客们用过的购物车。有的时候，则一辆购物车都不放。当不放置购物车时，有30%的顾客将压在自己汽车雨刮器下的宣传单扔掉了，有70%的人把宣传单带走了。总的来说，大家对乱扔垃圾还是有所顾忌的。可是，当停车场内放置了购物车时，随手将宣传单扔掉的顾客的比例上升到58%，是之前的近两倍。

频繁地清扫会非常麻烦，因而有人可能会建议把地上的垃圾先集中到一起。但是，这绝不是一个好办法，因为只要允许地上存在一片垃圾，瞬间就会变得遍地垃圾。

💬 打开别人包上的锁很容易

我不是一个有特异功能的人，如果有人要求我打开锁好的旅行箱，那么，我有很高的概率会成功。理由非常简单，因为我可以猜出锁的密码。

大部分人在设置密码的时候，都会尽可能地选择与自己有关、不容易忘记的数字或符号。如果是数字密码，可能会选择自己、家人或者恋人的生日。例如9月12日出生的人选择的密码可能是"912"。

那么，此时我需要去调查对方的生日吗？这种麻烦事，我是不会做的。

实际上，有四分之三的人因为怕麻烦而根本不去设置密码。也就是说，锁的密码一直保持着初始状态，例如"000""111"。原本就"没有设置密码"，因此，无论是我，还是其他人都能打开。

美国的纽约市立大学的约翰·卡特里乌斯对拥有旅行箱的数百名学生进行了调查，让他们提供旅行箱的密码。

调查结果显示，有四分之三的学生的旅行箱密码保持着出厂时的设置，也就是"000"。

人们都很怕麻烦。只要是稍微麻烦一点的事，人们都不愿意去做，这是人们通常的心理。虽然我们都明白，为了安全应该把旅行箱锁好，并设置别人解不开的密码，但实际上却会因为怕麻烦而不设置密码。

不过，像信用卡及银行账号等重要的支付工具，设置"000000""111111"这种过于简单的密码是通不过审查的。因此，遇到这种情况，人们才被迫设置稍微复杂的密码。假如能够通过审查，可能大部分人都会选择一个反复出现某个数字的数列作为密码。

当然不可否认，有一些人想尽一切可能地保护好自己的隐私安全。心理学这门学科与物理学不同，预测的准确性无法达到100%。这一点类似于天气预报，有时候非常准确，但也有时候不怎么准确。注重隐私安全的人自然会有。但是，心理学告诉人们的是，大部分人还是会因为怕麻烦而未做到严格保护隐私安全。

💟 所有账户只用一个密码是十分危险的

　　我再介绍一个与密码有关的研究，其内容也十分有趣。这项研究的主题是密码的变化。

　　与互联网服务提供商签订合同，或者办信用卡的时候，人们都需要设置密码。在每次设置密码的时候，人们是否都会使用不同的密码呢？

　　我可以先公布一下结论：大部分人都不会在每次设定密码时使用不同的密码。至于原因，我想大家也很清楚，就是怕麻烦。我再强调一遍，人总是不愿意做那些比较麻烦的事。

　　美国得克萨斯州的南卫理公会大学的阿兰·布朗进行了一项调查，试图了解人们对密码安全性的重视程度。

　　在现代社会中，每个人都要设置许多密码。根据实验对象的回答可以知道，每个人平均设置了8.18个密码。拥有多张信用卡的人，设置的密码自然也就多起来了。

　　设置的密码数量超过10个的人应该也不少。那么，设置这么多密码的人，是否每次都会使用不同的密码呢？答案是完全不会。

根据布朗的调查，每次都设置不同密码的人只占调查对象总数的7.1%，而其他人基本上一直使用相同的密码。"每次都设置新密码，一是麻烦，二是容易忘"，这是实验对象给出的最多的理由。

顺便说一下，得到各种卡的时候，有22.4%的人一直使用着初始密码，更改密码的人占77.6%。虽然这些人更改了密码，但设置的新密码也是之前在别处一直使用的密码。

另外，设置密码时，选择生日、昵称等与自己有关的数字或符号作为密码的人占实验对象总数的92.7%。

要破解别人的密码，其实并不是一件难事。就像前面所说的，只要输入与密码使用者有关的数字或符号，有很高的概率可以找出正确的密码。只要破解了一个密码，基本上就知道了这个人的全部密码。

💬 职场欺凌在护士群体中十分常见

护士常被人形容为白衣天使。在很多人心里，护士温柔体贴，十分关心患者。

可是，如果我告诉你，护士和其他职业一样，甚至存在更加严重的职场欺凌，大家肯定会大吃一惊吧。

英国的肯特大学的琳·奎因针对护士行业的职场欺凌进行了调查，调查对象为1100名医疗行业从业人员。奎因让他们回答一个问题：在过去的12个月内是否遭受过职场欺凌。

回答"是"的护士占44%。虽然人数未过半，但有将近一半的护士表示自己曾经遭受过职场欺凌。另外，有50%的护士回答曾经见到同事遭受职场欺凌。

顺便说一下，专家医生、普通医生、医院职工等非护士的从业人员中，回答在过去的12个月之中曾经遭受过职场欺凌的人占35%。

护士遭受的职场欺凌与其他从业人员在具体内容上也存在差异。护士群体中常见的职场欺凌包括以下内容。

○遭受语言上的人格否定。

○成为那种令人感到不愉快的玩笑的对象。

○无法获知工作上必要的信息。

○被迫完成无论如何努力也不可能完成的任务。

○承受过大的压力。

关于欺凌这种事情，根本就不存在什么"善意的欺凌"，护士中很多的欺凌手段都是非常不值得提倡的。

那么，为什么护士中会出现这么多的职场欺凌呢？其中的一个原因就是工作强度太大。即使是原来性格温柔的护士，在面对过于繁忙的工作时，其精神也会处于紧张状态。当心理压力大到一定程度时，护士自然会把压力转移到别人身上，这并不难理解。

职场欺凌的行为毫无疑问是错误的。虽然医疗行业工作压力很大，但是护士通过欺凌别人来释放压力的这种行为是必须禁止的。

💬 与人洽谈时什么会导致谎言变多

人们如果处于非常有利的地位，一般不会采取太过分的手段来对付对方。因为当自己处于有利地位时仍用过分的手段，会觉得对方有些可怜。

例如，在商务洽谈中，人们为了己方的利益而隐瞒真实情况是很正常的事情。但是，如果己方处于完全有利的位置，人们就不太愿意欺骗对方了，因为会觉得对方很可怜。

洽谈中双方处于平等的位置时谎言最多。由于条件对双方而言都是公平的，可以像竞技比赛那样，拼尽全力争取胜利。为了尽可能多地增加己方的利益，撒谎也在所不惜。

美国伊利诺伊州芝加哥大学的尤里·格尼茨让实验对象每两个人组成一组，成为博弈双方，并进行分钱的议价博弈。

成为博弈者甲的人将全部的钱分成两部分，并向博弈者乙提出两种分配方案。

A方案：你可以得到较多的钱。

B方案：我可以得到较多的钱。

此时，实验规定博弈者甲可以说谎，当然，也可以讲实话，提出"咱们对半分钱，我不会骗你"。博弈者乙有权决定是否接受博弈者甲提出的分配方案，如果对分配方案不满意则可以拒绝。

另外，实验还规定如果博弈者甲的欺骗行为获得成功，根据条件，可以得到额外的奖金。此时，博弈者乙会因没有识破谎言而受到支付罚款的惩罚。

那么，实验中有多少博弈者甲会说谎呢？格尼茨的实验结果见表3-2。

表3-2　格尼茨的实验结果

说谎成功时的赏罚规则	说谎的比例
博弈者甲获得 1 美元的奖金 + 博弈者乙遭受 10 美元的损失	17%
博弈者甲获得 1 美元的奖金 + 博弈者乙遭受 1 美元的损失	36%
博弈者甲获得 10 美元的奖金 + 博弈者乙遭受 10 美元的损失	52%

当自己可以得到1美元奖金而对方要遭受10倍损失的时候，说谎的博弈者甲比较少。这可能是因为大部分博弈者甲觉得让对方单方面遭受损失的做法是不公平的。

而当自己的奖金与对方的损失为相同金额时，说谎的博弈者甲增加了。自己因说谎成功而得到的奖金与对方遭受的损失是一样的，因此可以说这是一个公平的游戏。

讨价还价的博弈与竞技比赛一样，只有在公平原则下争胜负才有意思。当规则完全有利于己方时，博弈就毫无乐趣可言了。在这种缺乏公平且对己方有利的情况下，人们不太愿意去欺负别人。

💙 与人成为好朋友的方法

大家都知道一句话，叫作敌人的敌人就是朋友。如果两个人都讨厌某个人，这两个人会因此产生亲密感，关系会变得密切。

在公司里，如果上司是一个令人讨厌的人，那么下属们会更团结。这是因为上司成了下属们共同的敌人，而下属之间的关系就会变得更好。因此，上司比较讨厌，可能并不是一件坏事。

美国俄克拉荷马大学的珍妮弗·博松对大学生做了一项调查，让他们说出人生中第一个好朋友，然后，还要求他们说出与人生中第一个好朋友共同讨厌的人或事或共同喜欢的人或事。

调查结果显示，有16.33%的大学生列举出共同讨厌的人，而只有4.56%的大学生列举出共同喜欢的人。很多人都能说出"我与××都非常讨厌他"，但却不太能说出来共同喜欢的人是谁。

　　有令自己讨厌的人是一件让人感到非常不舒服的事。一想到这个人，心情就会不愉快。但是，你可以找一找，是不是有人跟你一样讨厌这个人。只要去找，你就会发现一定有跟你讨厌同一个人的人。如果你恰巧遇到这个人，你们就能成为好朋友。

　　如果想跟别人成为好朋友，一个好办法就是找到共同的"敌人"。当你跟对方说："我跟那个人合不来。"对方也跟你说："啊！你也不喜欢那个人啊？其实我也不喜欢。"只要聊到这里，你们两个人的关系马上就能变得亲密。

　　如果感到在现实中找到共同的"敌人"有点难，那么可以把名人作为对象。只要双方有共同讨厌的名人，那么也会因此产生亲密感。

　　人们愿意跟与自己有较多相同之处的人交朋友。如果遇到了与自己有着相同处境的人，人们很可能与其成为莫逆之交。

♥ 一边使用手机一边做其他事有多危险

曾经发生过这样的事故。一个人边使用手机边骑自行车，最终撞倒行人，并致其死亡。这件事让人们意识到一边使用手机一边做其他事是极其危险的。

人们经常能够见到一边使用手机一边走路的人。这些人自己可能并没有意识到这样做有什么危险，但心理学上认为这种做法是非常危险的。因此，人们一定不要在走路时使用手机，如果必须要使用，此时应该停下脚步。

当人们使用手机时，眼睛虽然是睁开的，但实际上无法集中注意力，也就是说，此时的人们相当于闭着眼睛。人们无法做到把注意力集中到手机上的同时也关注周围的环境。

美国的西华盛顿大学的爱勒·海曼在该校的广场上进行了一项实验。西华盛顿大学的教学楼与图书馆之间，有一个名为"红色广场"的大广场。海曼让助手在广场的纪念碑前扮成小丑并骑上独轮车。小丑身穿鲜艳的紫色与黄色相间的衣服，脚穿一双大鞋，鼻子上有着红鼻头。这种打扮配着独轮车，看上去十分怪异。遇到这样的小丑，任何人都会马上注意到。

可事实上并非如此。

当学生从小丑旁边经过并走出广场时，海曼会向他们提问。问题是"你刚才看见什么奇怪的东西没有"。如果被提问者没有提到广场上的小丑，海曼就会直接问："广场上有小丑，你没看见吗？"

海曼把经过广场的人分为三类，并进行了记录。第一类是一边打电话一边走路的人，第二类是独自一人只是走路的人，第三类是一边听音乐一边走路的人。海曼的实验结果见表3-3。

一边打电话一边走路的人中，注意到小丑的占25%，剩下的75%则完全没有察觉有小丑。这个实验表明，当人们的注意力都集中在一件事上的时候，即便周围有非常奇怪的事情发生，人们也不会察觉。

表3-3　海曼的实验结果

行人类型	看到了什么奇怪的事情吗？	（直接问）看见小丑了吗？
一边打电话一边走路的人（24名）	8.30%	25.00%
独自一人只是走路的人（78名）	32.10%	51.30%
一边听音乐一边走路的人（28名）	32.10%	60.70%

注：列2和列3的内容为回答"看见了"的人所占的比例。

海曼还对两个人一边说话一边走路的情况进行了调查。调查结果显示，这种情况不太影响人对周围的事物的察觉。而当一边使用手机打电话一边走路时，人就很难对周围的事情有所察觉。

海曼的调查结果显示，最好不要一边使用手机一边做其他事情。千万不要有侥幸心理！大部分事故都是因当事人存在侥幸心理而发生的。

💬 为什么一看到字母"V"就会感到恐惧

　　现代人的大脑中储存了大量从祖先那里继承来的信息。这些信息通过遗传的形式被传递至今，虽然已经没有什么实际作用，但仍然被继续传递着。

　　当人类还处于原始社会的时候，迅速察觉危险的能力是十分重要的，在自己周围活动的野生动物及其他部族都是随时会降临的危险。可以及时察觉这些危险的人就能够生存下去，而不能察觉这些危险的人就会丢掉性命。因此，人们的大脑仍然保持着察觉危险的能力。

　　假设道路上有一段绳子，把这段绳子误认为蛇的人可能会浑身发抖。为什么会发抖呢？这是因为发抖就是在让自己的肌肉做好准备，立即逃跑。这是一种条件反射，人类本身是无法控制的。

　　可能人类在原始社会中，发现草丛中有蛇的时候会拔腿就跑，这是因为如果这条蛇有毒，被它咬上一口就没命了。这种经历在很多代人的生活中反复出现，因而人们的大脑逐渐形成了一种机制：只要看到蛇，马上会意识到危险。因此，当人们看见形似蛇的东西，哪怕这个东西其实就是一段绳子时，人们的身体也会做出发抖的反应。

美国的威斯康星大学的克里斯汀·拉尔森做了一项非常有趣的实验。这项实验展示了当看见字母"V"的时候，人们的大脑就会发出信号，告诉人们现在有危险。

拉尔森准备了120张内容为不同图案的幻灯片，在给实验对象播放幻灯片的同时，采用功能性磁共振成像（fMRI，functional magnetic resonance imaging）技术来对实验对象的大脑进行观察。

实验结果显示，当出现类似字母"V"这种底部尖锐的三角形图案时，实验对象大脑中负责察觉危险的区域就会变得非常活跃。

为什么看到类似字母"V"的图案就会引起人们的大脑做出反应呢？这是因为人们的大脑把这类图案视为危险。至于视为何种危险，这一点还尚未研究清楚，但大脑很可能把这类图案看作蛇头或者刀尖、矛头等带有危险性的物品。

总之，这种现象说明人们的大脑非常聪明，对那些在从前会带来危险、但现在其实已经没有什么危险的事物也会敏锐地做出反应。

💬 大脑中的躲避危险的能力

正如前面所讲，人们的大脑对危险的事物会立刻加以注意，因为在远古时代，如果不这样，人们就很难活下去。

假设有一幅风景画，画里描绘了很多东西。有花草、湖水、大房子、吃草的牛、铁锹等，还有一条小蛇，这条小蛇非常不容易引起人的注意。

当看到这幅风景画的时候，人们最先注意到什么呢？是美丽的花朵吗？还是在画中占比较大的大房子和湖水？答案是全都不是，人们最先看到的基本上都是那条小蛇。人们的大脑会立即发觉这里有危险，并提醒我们加以注意。

美国的新泽西州立罗格斯大学的瓦妮莎·卢布做了一项实验，在距实验对象60~80厘米处的显示器上播放各种照片。每个实验对象的头上都安装了眼球追踪设备。这种设备能够记录实验对象在观看照片的过程中，其视线都落于何处。

实验结果显示，当照片中出现蛇、蜘蛛时，实验对象的视线会立即落在这些图案上。实验对象只需要1461毫秒就能发现眼前的危险事物。同时，照片中还有花、食用蘑菇等无害的图案，但实验对象注意到这些东西则需要1549毫秒。

卢布的实验告诉人们：哪怕是很小的危险，人们都会立即注意到。

很有趣的是，实验对象无论来自乡村还是城市，对实验结果并不产生影响。在乡村比较容易见到蛇，但在城市里这种可能性就非常小。尽管如此，来自城市的实验对象同样会立即注意到蛇。

察觉危险的能力是人类在漫长的进化过程中形成的，因而，短短几十年的城市生活无法让这种能力消失。当在现代化的写字楼里看到地面上有一条包装用的绳子时，人们很可能会发出尖叫并跑掉。即使理性会告诉人们，写字楼里不可能有蛇，但人们的大脑和身体还是会不由自主地做出反应。

♥ "狐狗狸"占卜真的会"显灵"

"狐狗狸"占卜是一种占卜方式。占卜时，在纸上写好一些字，然后把硬币放在纸上，参加占卜的所有人一起用食指按着硬币，并呼喊"狐狗狸，狐狗狸快出来"。此时硬币就会自己"动"起来，占卜参与者根据硬币碰到的字，进行解读。

在占卜中，参与者只需要用食指按着硬币，硬币就能自己"动"起来。这种神奇的现象真的会发生吗？

确实可以发生。不过，这不是因为真的有什么灵异存在，而是参与者会无意识地移动硬币，仅此而已。

这种现象的发生，需要一个重要的前提条件，那就是要规定绝对不能靠自己的力量去移动硬币。

我在前文中介绍了丹尼尔·韦格纳的实验。实验表明，人越是有意识地不让自己去想一个人，反而就越会想这个人。

韦格纳为了解释"狐狗狸"占卜中，硬币自己"动"起来的现象为何会发生，还做了相关实验。实验结果表明：当有人告诉你不要去动某个东西的时候，你反而会去动它。当然，你自己对此完全没有意识。

韦格纳召集了84名实验对象，其中，男女各半。实验要求每名实验对象手提一个钟摆，让钟摆垂直不动，并保持30秒。

如果对实验对象说 "绝对不要在水平方向移动"，则有50%的人的钟摆真的会在水平方向移动。如果只是要求实验对象 "不要移动钟摆"，则会有45%的人做不到。也就是说，虽然明明知道"不能动"，但还是有一半的人的钟摆动了。

"狐狗狸"占卜也是同样道理。当参与者被要求"绝对不能靠自己的力量去移动硬币"时，硬币就真的会自己动起来。当然，只不过看上去是硬币自己在动，实际上还是占卜参与者在触碰着硬币移动。硬币虽然在纸上动来动去，但其实跟"狐狗狸"没有任何关系。

第 4 章

出人意料的心理学研究

💬 好老师难获得学生的好评

所有大学的学生基本上都会在每学期末对所修课程进行评价。通常来说，评价主要是老师对学生进行打分，但这里所说的评价却是由学生对老师进行评价。

因为知道自己所教授的课程会面临评价，所以老师在授课时就不会懈怠。如果老师出现懈怠，学生会给出较低的评价。那些师德不佳的老师也不敢欺负学生。授课评价就是为了达到这些目的而被推出的。

但是，很多大学生会因为忙于实习或沉迷于玩乐而不认真上课，所以会出现一种很矛盾的现象：老师越是希望学生认真学习，越会给学生布置大量作业，也就越发被学生厌烦，导致获得学生较差的评价。而那些既不留作业，也不考试，还不检查出勤情况的老师，则很可能从学生那里获得较好的评价。这让授课评价变得没有任何意义。

美国的宾夕法尼亚大学的斯科特·阿姆斯特朗在多所大学讲授经济学，他对学习该门课程的3万多名学生进行了调查，来了解学生们如何给出授课评价。

调查结果着实有些出人意料：学生给老师的评价越差，其学习成绩越好。从学生那里获得较差评价的老师，基本上对学生的要求都非常严格。虽然老师获得的评价并不好，但是在他的严格督促下，学生会更加努力地学习，因此学习成绩也就更好。

阿姆斯特朗根据以上的调查结果得出了进行授课评价并没有什么意义的结论。除此之外，他还列举了其他理由。

站在老师的立场来看，如果认真备课并努力把课讲好，到头来却从学生那里得不到好的评价，那么，老师讲课的热情就会降低。另外，即使老师想在课堂上做一些新的尝试，但如果学生因此而给出较差的授课评价，那老师自然会选择保持现状。

就学生而言，如果进行授课评价，那么他们可能就会认为取得好成绩的责任全在老师和大学，而自己则可以不负任何责任。因此，阿姆斯特朗指出，学生可能会觉得自己的学习成绩差是因为老师课讲得不好，而不去找自身的原因。

无论是对老师，还是对学生，授课评价似乎都没有什么好处可言。我认为教育主管部门应该出台政策，取消授课评价。不知道大家意下如何？

💟 婴儿不为人知的能力

在妇产医院，经常能见到一种现象：当一名婴儿哭的时候，其他婴儿也会跟着哭起来。这可能是因为听到其他婴儿哭的时候，不哭的婴儿会觉得他们很可怜，所以也跟着伤心落泪。如果真的是这样，那就意味着刚出生的婴儿也具有同情心，可以感受到其他婴儿的悲伤。抑或是因为其他婴儿的哭声过于吵闹，自己感到不快而哭起来。说到这里我们不禁要问一个根本性问题：婴儿能区分自己的哭声和其他婴儿的哭声吗？

意大利的帕多瓦大学的马尔科·唐迪对这个问题产生了兴趣，并通过实验来探究了婴儿是否能区分自己和其他婴儿的哭声。顺便提一下，帕多瓦大学是一所世界领先的研究型大学，建于1222年，是意大利古老的大学之一（最古老的大学是博洛尼亚大学），伽利略、但丁都曾在此任教。

唐迪的实验对象是30名出生不超过3天的婴儿（其中，17名男婴，13名女婴）。

婴儿被分成3组，具体如下。

第1组：10名（6男、4女），给他们播放自己哭声的录音。

第2组：10名（6男、4女），给他们播放其他婴儿哭声的录音。

第3组：10名（5男、5女），不给他们播放任何录音。

唐迪还给婴儿们录像，以记录他们听录音前后表情的变化。记录显示，第1组与第3组婴儿的脸上基本上没有观察到表情的变化；而第2组婴儿则频繁地露出了悲伤的表情，且悲伤表情的持续时间比较长。

这说明婴儿可以对自己的哭声与其他婴儿的哭声进行区分。正因为如此，当其他婴儿哭泣时，自己也会感到悲伤并露出悲伤的表情。也就是说，即使是出生不久的婴儿，也能对其他婴儿产生同情。

婴儿不会讲话，因而，关于婴儿究竟具备什么样的能力，人们目前还知之甚少，不过他们很可能一出生就已经具备了许多能力。

💬 为什么大人物都喜欢绷着脸

大家可以看一看出现在报纸和杂志上的那些公司老总的照片，他们中有的人会露出微笑，但绝大部分人都是面无表情。如果看一看大学网站上的教师简介，人们同样会发现，越是了不起的老师，就越是板着面孔。

为什么大人物都不爱笑呢？

美国的密歇根大学的帕特里夏·陈给出了一个假设：因为他们没必要取悦别人。

低眉顺眼、试图博人欢心的都是那些地位不高的人。如果地位达到一定程度，就没有必要取悦别人，因而表情自然会变得严肃起来。时间一长，这副板着的面孔就会被定型，因此，拍照时也露不出笑脸。

陈为了验证自己的假设，对《美国新闻与世界报道》杂志评选出的"全美20强"商学院的院长进行了调查，其中，有3位院长为女性。考虑到性别因素的影响，陈决定只将那17位男性院长的照片用于实验。

陈把这17位男性院长的照片拿给37名评委过目，让评委们分别回答院长们的亲和力有多高。

结果显示，商学院排名越高，其院长的亲和力越低。

在排名相对较低的商学院担任院长，虽然其所属大学可以傲视群雄，但在整个社会上可能还达不到那种程度，因而拍照时还是略微地露出了一丝笑容。而那些顶级商学院的院长们则完全是面无表情。这个实验在一定程度上证明了陈的假设的正确性，即社会地位越高的人越缺乏亲和力。

在组织中获得较高地位，自己管理的公司的规模不断扩大，这些无疑都是值得高兴的事情。但是，人们还要知道，地位的上升可能也意味着你的脸会变得令人讨厌。在生活中，人们越是不需要取悦别人，越会变得不爱笑，因而越发地缺少表情，即地位越高，面孔板得越紧。

在此提醒大家，如果不能有意识地提高自己在言行上的亲和力，那你的脸可能真的会变得人见人厌。

💬 可以忍受的下载时长是多少

现代人变得越来越缺乏耐心，过去的人可能更加从容自得。随着生活节奏的加快，人们变得越来越焦躁不安。当地铁稍微晚了几分钟，等地铁的人立即会变得愤怒。在饭店吃饭时，服务员走路速度慢了一些，就餐的人也会马上生气。

这么缺乏耐心的现代人，当网络上遇到需要花一定时间等待的事情时，究竟能忍耐多长的等待时间？

美国的内布拉斯加大学的菲奥娜·纳进行了一项实验，以此来了解人们在下载时可以忍受的时长。

实验结果显示，人们可以忍受的下载时长短得惊人：2秒。如果要查找的信息在2秒内没有被显示出来，人们会变得烦躁并终止下载。

也许你会觉得2秒这个时间过短，但实际上，其他研究也得到了大致相同的结果。

美国的亚利桑那大学的纳拉扬·加纳奇拉曼做了一项实验，让98名大学生玩游戏，并告诉他们获得前三名可领取50美元的奖金。

为了玩游戏，大学生需要从若干类型的游戏中选出自己喜欢的游戏，并进行下载，而这些游戏下载所需的时间各不相同。不想继续等待下载的时候，大学生们可以按下停止键，并下载其他游戏。

实验结果显示，大部分学生在遇到下载比较耗时的游戏时，都会中途停止下载，而且他们等待的时间不到10秒。顺便说一下，如果下载时有可以用来转移注意力的东西（例如屏幕上有运动的卡通形象），学生忍耐的时间就能够延长一些，但还是等不到20秒就会按下停止键。

现代人可以忍受的等待时间非常短。很多人会在等待时感到烦躁，甚至发怒，这可能是因为缺乏耐心的人变多了。

其实我自己也是一样，等待的时间稍微长一点就会烦躁。我尤其不喜欢等待电脑启动，因而一定会在电脑桌上放一本还没有读完的书。在电脑完成启动之前，如果不读一会书，我就会感到时间被浪费了。不知道大家是不是也有缺乏耐心的时候。

♥ 止痛药也可以缓解心灵的伤痛

通常来说，人们的大脑对身体上的疼痛（受伤等）与心灵上的疼痛（遭人漠视等）不会加以区分。

为什么这么说？因为无论是对于身体上的疼痛，还是心灵上的疼痛，人们都能观察到大脑相同区域出现活跃，所以人们会认为，虽然身体上的疼痛与心灵上的疼痛在性质上完全不同，但其实它俩对大脑而言没有什么分别。

美国的肯塔基大学的德瓦尔·内森由此提出了一个非常有趣的假说：对大脑来说，如果身体上的疼痛与心灵上的疼痛没有什么区别，那么缓解身体疼痛的药物同样可以缓解心灵疼痛。

内森随即进行了实验来验证假说是否正确。他准备了乙酰氨基酚，这种药物是常见的止痛药，可缓解身体上的疼痛。

为了让实验对象感受到心灵上的疼痛，内森做出了一个有些残忍的安排。他让同一实验小组的成员都不去理睬组里的某个人。被同伴漠视，这会给人造成非常强烈的心灵伤痛。

就这样，内森让感到心灵伤痛的人服用乙酰氨基酚，然后使用功能性磁共振成像技术监测大脑活动。

实验结果证明了内森假说的正确性。在乙酰氨基酚的作用下，实验对象的心灵伤痛得到了缓解。也就是说，缓解身体疼痛的药物对心灵伤痛同样有功效。

人们如果遇到了什么烦恼并且心灵因此受伤，那么吃一点止痛药或许能够减轻痛苦。但是，服用处方药需要医生的诊断，至于药店里出售的非处方止痛药是否具有同样的功效，目前尚不清楚。在此提醒大家，绝对不能自作主张去服用止痛药。我也无法告诉你究竟该不该服药。这一点请大家切记。

现阶段能够告诉大家的是人们发现了用于缓解身体疼痛的药物也具有缓解心灵伤痛的可能性，仅此而已。今后还需要继续进行大量的实验来验证其效果。大家千万不要遇到一点烦心事就去服用止痛药。

💬 把充满困难的工作交给自恋的人去做

如果一项工作的难度或目标较高，最好把这项工作交给自恋的人去做。

这是因为自恋的人特别喜欢做有难度的工作。自恋的人在面对别人都感到畏惧的充满困难的工作时，其业绩会大幅提升。他们会觉得能够挑战这么难的工作，自己真是太棒了。就像这样，自恋的人沉浸在自我陶醉之中，因而非常愿意去完成充满困难的工作。

医学院的学生会通过手术模拟操作来进行做手术的训练。美国俄亥俄州凯斯西储大学的哈利·华莱士利用手术模拟进行一项实验。

华莱士首先对实验对象进行了心理测试，以确定他们的自恋程度；然后，按照自恋程度将实验对象分为两组，一组的自恋程度较高，另一组的自恋程度较低；最后，让实验对象进行手术模拟操作。

这种模拟操作类似于电脑游戏，要求训练者操作镊子从洞中夹出12件物品。当镊子或物品碰到洞的内壁时，模拟操作系统就会发出警示音，宣告模拟操作失败。所有的实验对象都要进行3次试操作，获得了一定的手感之后，实验正式开始。

华莱士为实验设定了两个条件。一个条件是要求实验对象的操作时间要比试操作的时间缩短5%，且失误次数也要减少5%。将工作效率和质量均提高5%，这很容易办到。但另一个条件则被设定得非常难，实验对象需要完成的目标是将操作时间和失误次数都减少25%。

那么，实验对象的得分如何呢？实验结果显示，自恋程度较低的人在条件比较简单时，其业绩会好于设定的要求。而自恋程度较高的人在目标被定得比较高的时候，其业绩的提高率也比较高。

自恋的人在面对困难的时候会迸发出工作热情。这个发现告诉我们，在实施新项目或成功率较低的计划时，可以选择自恋的人来担任负责人。他们一定会乐于接受挑战。

💬 效益好的企业的首席执行官是什么样的人

我继续介绍另一个关于自恋的人的调查。

如果在公司里身居高位，大部分人会错误地认为自己具备什么超乎常人的能力，会变得极度自恋。这类人中，包括一些自恋程度很高的首席执行官。他们非常自我，也非常任性，可以说十分令人"讨厌"。这样的人身居公司高位，对下属来说，几乎是一种灾难。但是，这种极度自恋的首席执行官所领导的企业的效益却更好。

美国的宾夕法尼亚州立大学的阿里特·查特吉对计算机产业的首席执行官的自恋程度进行了检测。

这些人的工作十分繁忙，因而他们不会接受研究人员的请求去进行什么自恋程度测试。为此，查特吉采用了其他的方法来检测这些首席执行官的自恋程度。他将各个公司每年公布的年度报告中出现的首席执行官的照片作为分析数据。

当照片中只有一个人，而且照片在纸张上占据的篇幅超过一半时，可以认为该首席执行官的自恋程度较高，将其自恋程度定为4分。当照片中只有一个人，而且照片所占篇幅不到纸张一半时，将该首席执行官的自恋程度定为3分。当照片中有两个及以上的人时，将该首席执行官的自恋程度定为2分。当没有首席执行官的照片时，将该首席执行官的自恋程度定为1分。

另外，查特吉查阅了某个数据库中每个首席执行官的演讲。如果使用单数人称（"我""我的"）的频率较高，就认为这个人的自恋程度较高，如果使用复数人称（"我们""我们的"）的频率较高，就认定这个人的自恋程度较低。

通过以上方法，查特吉测量出了这些首席执行官的自恋程度。结果显示，首席执行官的自恋程度越高，其所管理企业的效益越好。

这是为什么呢？因为这样的首席执行官一般都很有魄力，且喜欢彰显自己，因此，比较容易受到媒体及行业内人的关注，而这可以帮助企业提升效益。

但是，查特吉也指出，虽然这类企业的效益相对较好，但是其中大的成功与大的失败也比较多见。总体而言，自恋的首席执行官可以提高企业的效益。但如果具体地来分析这些首席执行官，会发现有不少首席执行官做得非常失败。

我们不要简单地认为只要首席执行官自恋一些，企业的效益就能获得提高。总体来看，由自恋的首席执行官管理的企业，效益会更好一些，但其中包括许多大的成功与大的失败，这说明风险其实还是很大的。

💬 我们在星期几的心情好，星期几的心情差

　　每到星期日的傍晚，一想到明天还要上班，人们的心情就会变差。到了星期一的早上，感觉没心思上班，工作的热情怎么也提不上来，可能很多人都有这种经验。这种现象被称为"蓝色星期一症候群"。

　　"蓝色星期一"这个词已经成为一个常见词语。难道到了星期一，人们的心情都会变得低落吗？或者，根本不存在这种情况？

　　加拿大不列颠哥伦比亚大学的约翰·赫利维尔花了一年半的时间完成了一项大规模调查。调查样本超过50万人次，采集了人们在一周中哪一天感到最幸福、心情最好的数据。

　　调查结果显示，根本不存在什么"蓝色星期一"。在星期一至星期五的这几天里，人们的心情基本上没有什么变化。有的人会在星期一感觉心情低落，但他们在星期二或星期三的时候，同样会感到心情低落。

　　另外，赫利维尔还指出，"每到星期日，人们会变得很开

121

心"这件事情确实存在。赫利维尔将这种现象称为周末效应。

不过，人们已经知道，周末效应还存在若干个规律。

就组织而言，普通员工在周末感到的心情愉悦程度要比高层管理人员及老板高两倍。普通员工至少可以在星期日会感到幸福感提高，可是高层管理人员及老板即使在星期日也获得不了什么幸福感。

赫利维尔的调查还对其他问题进行了研究。他发现如果每周与别人的交际（闲聊等）时间增加1.7小时，那么幸福感可以提高2%。大家可能会觉得这个增加幅度太小了，但是如果想让自己尽可能地获得更多快乐，那么人们可以记住，与别人闲聊是一种行之有效的方法。

💬 越是老夫老妻，越不了解对方喜欢什么

一般人们会认为，夫妻长期生活在一起，彼此之间一定会非常了解。但实际上这只不过是人们的想象而已。就算一对夫妻已经在一起生活了30年，还是会不太了解对方。

例如，妻子给丈夫买了一件衣服，她觉得丈夫一定会非常喜欢这种花纹。可是丈夫对于这件衣服也许会露出尴尬的表情。妻子出于好心，为丈夫买了衣服，丈夫即使不喜欢也不会直接跟妻子讲，因此只能露出尴尬的表情。

瑞士巴塞尔大学（瑞士历史最悠久的大学）的本杰明·谢伯翰进行了一项关于夫妻相互了解程度的调查。调查对象包括38对年轻夫妻，他们共同生活的时间平均为2年零1个月，以及20对老年夫妻，他们共同生活的时间平均为40年零11个月。谢伯翰的调查共有118个问题，包括喜欢的食物、喜欢的电影、喜欢的家具风格等。调查对象不仅要回答自己对相关物品的喜爱程度，还要回答自己的另一半对该物品有多喜爱。

谢伯翰对夫妻双方都进行了调查，以此来弄清楚他们是否

了解伴侣的喜好。

调查结果显示，年轻夫妻回答对方喜好的正确率为42.2%。超过一半的调查对象都没能正确地说出伴侣的喜好，不过能够正确回答的比例也不算很低。

那老年夫妻的结果如何呢？他们在一起生活的时间已经超过40年，说出伴侣喜欢什么应该是非常简单的。但得到的调查结果却并非如此。老年夫妻回答的正确率为36.5%，低于年轻夫妻。

老年夫妻虽说长年生活在一起，但实际上并不十分了解伴侣的喜好。妻子认为自己的丈夫喜欢吃寿喜锅，可丈夫心里却想虽然谈不上讨厌吧，但也并不喜欢吃寿喜锅。这种认识上的误差，在夫妻之间经常会出现。

谢伯翰在让调查对象回答自己伴侣的喜好时，还对答案的确信度进行了提问，结果也非常有趣。当调查对象面对"你认为自己的回答有多大可能是正确的？"这个问题时，相处时间越长的夫妻越倾向回答："我说的应该是对的。""关于我妻子，没有什么是我不了解的！""我对我丈夫的了解超过了对我自己的了解。"

有很多老年夫妻会有这种想法，但他们的想法可能与事实不符。当然，不管怎么说，他们毕竟已经在一起生活了几十年，只要他们自己能够感到幸福，那就比什么都重要。

💬 长假的放松功效

五一小长假，国庆长假等这种长假可以让人的精神得到很好的放松。

长假的放松功效大家应该都能体会到，可是这种功效能够持续多长时间呢？即使功效很好，但如果转瞬即逝，对人们来说，可能也就没有多大意义了。长假的放松功效是在什么机制下持续产生作用的呢？

带着这个问题，我查询了是否有相关研究的论文，结果还真找到了。论文的作者是德国康斯坦茨大学的亚娜·屈内尔。

屈内尔针对复活节及圣灵降临节[1]进行了调查。在长假开始的两周前进行了预先调查，在长假结束的一周后、两周后及一个月后进行了追踪调查，以此来探究长假的放松功效如何持续。

调查结果显示，假期确实具有放松功效。从对"本周是否

---

[1] 天主教礼仪军规定，每年复活节后第 50 日为圣灵降临节。——译者注

感到工作时精力充沛？""本周是否做到全神贯注地工作？"
这些问题的回答可以看出，长假过后人的工作热情上升了。

不过，非常遗憾，长假的放松功效只持续了不到一个月的
时间。而且由于工作上的需要（时间紧、工作重），放松功效
失去作用的速度会加快。

只要开始忙于工作，长假的放松功效马上就会消失。而
到了周末，进行一些放松身心的活动，就能让放松功效失去作
用的速度变慢，但基本上在一个月之内，放松功效就会彻底消
失。即使休更长的假，所产生的放松功效也不会一直持续。

日常生活中难免会存在压力，所以还是建议不要过分期待
长假的放松功效。一周左右的休息便能让工作热情有所提高，
这样其实就可以了。

我自己的情况是，一休长假就会懒怠得一塌糊涂，反而休
假时也会做一点工作。我觉得工作的时候才是轻松的，大家认
为如何呢？

❤ "精神病态者"适合做政治家

有些人根本不讲道德，可以若无其事地做坏事。这种人具有异常的人格，被称为精神病态者（Psychopath）。他们的特征是无法抑制冲动、无法产生罪恶感、无法与人共情，可以说这些特征都偏离了正常的人格。

但是，这些特征非常适合从事某些特定的职业，尤其是政治家。

即使自己的想法遭到大多数人的反对，他们也不会在意，只会固执地把想做的事情坚持到底。可以说，这种行事风格是政治家不可或缺的特质。另外，还有一个特点，那就是很难感到恐惧。从某种意义上讲，可以认为这是有勇气的表现，也是政治家身上的特点。

美国佐治亚州埃默里大学的斯科特·利林菲尔德让历史研究人员和为总统写过传记的记者为42位历任美国总统分别打出"精神病态者得分"。另外，利林菲尔德还让他们对每位总统的政绩进行评价。

实验结果显示，得分越高的总统，其政绩也越好。

精神病态者有一些特点，越是想成为人上人、有魄力、不易产生畏惧感的总统，获得的评价越高。另外，精神病态者还存在很难抑制冲动、具有反社会倾向的特点，这些特点容易导致他们得到负面评价。

顺便说一下，精神病态者得分与总统政绩评价得分最高的是西奥多·罗斯福，居第二位的是约翰·肯尼迪，第三名是富兰克林·罗斯福。提到西奥多·罗斯福，我们都知道他以"大棒政策"而闻名，其名言是"温言在口，大棒在手"。约翰·肯尼迪说了"把人送上月球"，并兑现了自己的话。可以说这些总统都很像精神病态者。

精神病态者基本上不会被人喜欢。但是，这类人也有适合他们做的工作。有针对需要具备领导力的企业家进行的调查，证明了他们更适合做企业家。也就是说，精神病态者的身上还是具备一些优点的。

❤ 被不喜欢的人冷落是什么感觉

　　假设有一个你不喜欢他，他也不喜欢你的人，如果你遭到这样的人冷落，会是什么感觉？

　　通常来讲，既然双方互相都不喜欢，那你应该对被冷落这件事情不太在意。不只不在意，甚至反而会觉得"感谢你不搭理我"。

　　可是实际上，被不喜欢的人冷落，也同样会让人感到不高兴。人的想法真的是很奇妙，即使被不喜欢的人冷落，自己也不会觉得无所谓。

　　美国加利福尼亚大学的卡伦·冈萨尔科拉雷以澳大利亚的新南威尔士大学的学生为对象进行了一项实验，来验证他的假说：被不喜欢的人冷落，自己也会感到受伤害。

　　冈萨尔科拉雷让实验对象在互联网上做类似篮球传球的练习。但是，除了真正的实验对象外，实验中还有托儿。实验规定，托儿只把球传给同为托儿的人。

　　在开始练习传球之前，告诉真正的实验对象，说这些实际上是托儿的人是美国某种族主义组织的支持者。

大部分人都很讨厌该种族主义组织，对其支持者自然也没有什么好感。因此，即使得不到传球、被这些自己不喜欢的人孤立起来，实验对象应该也不会有失落感。

可是，实验结果显示，即使是被自己讨厌的人孤立起来，心理上还是会产生强烈的失落感。后续调查还显示，被孤立的人的自尊心会受到很大伤害，感觉自己是没有存在意义、没有任何价值的人。

即使对方是自己很讨厌的人，但如果他完全无视你的存在，你的心灵还是会受到伤害。

即使一个人公开表示"不管年轻女性如何讨厌我，我都不觉得有什么"，当他真的被年轻女性当面冷言相向的时候，他肯定还是会很难过。当有人对你说"我很讨厌你"的时候，你绝对会受到伤害，哪怕那个人是你根本就不喜欢的人。

💟 狗能预知到主人回家

当到了主人快要回家的时间，一些宠物狗就会跑到门口，等待主人归来。这能说明狗具有预知未来的能力，可以知道主人将要回来吗？

英国赫特福德大学的理查德·怀斯曼为了弄清楚宠物狗是否可以预知主人回家，进行了4次实验。

为什么需要进行4次实验呢？这是因为宠物狗迎接主人归来可能并不是由于宠物狗具有预知未来的能力，所以需要逐一将其他可能性排除。

例如，宠物狗可能只是每天在固定的时间做出固定的行为而已。从宠物狗的角度来说，可能只是每天19：00左右来到门口散步，而根本不是在等待主人归来。

为了排除这种可能性，怀斯曼必须调整主人回家的时间并多次进行实验。

还有一种可能性：宠物狗听到主人驾驶的汽车的声音，或者透过窗户看见主人向家走来，便跑到门口去迎接主人。

另外，也可能是对家里其他人的举动做出的反应而已。当到了丈夫快要到家的时间，妻子的情绪可能会有所变化。宠物狗看到女主人的反应，可能就会知道男主人即将回来，于是到门口准备迎接。对于这种可能性，可以通过不把丈夫的回家时间告诉妻子的方法来加以排除。

还有一种可能性，就是由于人存在选择性记忆。当宠物狗到门口迎接自己归来时，你自然会感到很高兴。这种喜悦的记忆会被牢牢地保存在你的大脑中。而宠物狗没有到门口迎接的日子，你就不会感到高兴，因此也就很难记得住。也就是说，你会选择性地记住那些宠物狗到门口迎接自己的日子，从而形成一种偏离实际的认识，也就是狗能预知主人何时回家。对于这种可能性，可以通过非常简单的方法来加以排除，那就是每天准确地记录宠物狗是否到门口迎接主人归来。

虽然还能想出很多可能对实验产生影响的因素，不过怀斯曼着眼于主要的影响因素，因此通过4次实验将这些因素排除。那么，得到了什么样的实验结果呢？

这个实验结果对养宠物狗的人来说可能有些遗憾，那就是宠物狗根本没有可以预知主人回家的能力。

有些人坚持认为宠物狗真的知道自己什么时候回家。但是怀斯曼通过严谨的实验告诉人们，这完全是宠物狗主人的臆想。

这个实验结果是不是让宠物狗主人大失所望呢？

❤ 要坚持积极主动帮助别人

一般来说，当遇到有困难的人时，如果对方不主动请求帮助，人们是不会施以援手的。这是因为人们觉得如果一个人真的遇到了困难，那么他应该会主动寻求帮助。但实际上，遇到困难的人并不会因为自己处境艰难而立刻寻求别人的帮助。

加拿大的多伦多大学的瓦妮莎·博恩斯进行了一项调查，调查对象是工商管理硕士课程的35名指导教师和91名助教。学生在学习及生活中遇到困难的时候，可以向这些人员寻求指导。

博恩斯在刚开学的时候让调查对象预测本学期向自己寻求指导的学生的人数。指导教师预测的是12.6人，助教预测的是17.8人。可是，到了期末，实际上有多少学生寻求指导呢？指导教师平均接待的学生人数为7.6人，助教平均接待的学生人数为14.7人。

调查结果显示，提供帮助的人对需要得到帮助的人因难为情而不愿谋求帮助这件事情没有充分的认识。

当极其需要帮助的时候，人们自然会向别人求助。可是如果还没有难到一定程度，一般人们不愿意去麻烦别人。

能够提供帮助的人一定要多加注意，不要想当然地认为遇到困难，对方一定会开口求助，而应该主动地询问对方现在是否需要帮助。

人们要坚持积极主动地帮助别人。遇到困难的人其实都非常渴望能够得到帮助，只不过难以启齿而已。如果有人主动提供帮助，他们是非常感激的。

在职场上也是一样。如果遇到有人抱着重物路过，即使对方没有寻求帮助，也应该主动帮对方分担一下。这种积极主动的帮助，会让对方感到很高兴。这是因为即使非常需要帮助，人们通常也很难说出"请帮帮我"这句话。

♥ 职场女性不幸福

在过去的30~40年里，美国女性的社会地位、生活条件都得到了极大的提升。所有的评价指标都清楚地证明了这一点。

在那之前，美国女性在社会上一直处于弱势地位。与男性相比，她们获得的权利要少得多。近几十年来，越来越多的女性开始走出家庭，进入社会，所拥有的权利也有了飞跃性的增加。

可是，这只不过是表面现象。随着女性的社会地位不断提升、拥有的权利不断增加，通常会被认为，女性的幸福感也会随之提高。降低女性幸福感的因素逐一被消灭，自然而然地，女性的幸福感会得到提高。

但是，根据美国的宾夕法尼亚大学的贝齐·史蒂文森的调查：19世纪70年代的女性的幸福感要远远高于当今女性。在过去的30年里，女性的幸福感反而出现了大幅下降。

为什么会这样呢？

史蒂文森认为，一个可能的原因就是女性的男性化。

根据以往的经验，在幸福感调查中，男女之间会存在差异。在大多数情况下，男性的幸福感远远低于女性。

随着越来越多的女性进入社会，女性也会和男性一样因工作而感到压力，会因升职或加薪的事情而烦恼。在工作和社会地位方面，女性获得了与男性大致同等的权利，这导致在幸福感方面，男女之间的差异不复存在了。

女性实现了与男性从事同样工作的愿望，使职场上的性别壁垒越来越少。但与此同时，女性也开始与男性一样，需要面对巨大的工作压力，令人啼笑皆非。

人们通常有一个习惯，就是当一个不满的状态被消除之后，马上陷入一个新的不满意的状态，可能永远都不会达到一个所谓绝对满意的状态。如果人们能明白生活中存在不满是一种常态，也许就不会因一些琐碎的小事而烦恼。

💬 为什么聪明的人更能在工作中体会到乐趣

学历高、头脑聪明的人更有机会成为人生的赢家。大家都明白这个道理，因而都愿意花钱让自己的孩子接受更好的教育。

有的观点认为"即使学习不好，在社会上也一样可以生存""在社会上，学历没有任何意义"。

持这样观点的人确实存在，但是与学习不好的人相比，学习好的人成为人生赢家的概率要高。

还有一种观点认为"只知道学习的人生是无趣的"。但这种观点是错误的。调查一下就会发现，学习好的人在工作中更能找到乐趣。

美国的印第安纳大学的埃里克·冈萨雷斯米莱对1980—2014年发表的主题与"头脑聪明"和"工作满意度"有关的38篇论文进行了系统的分析。

在已有的研究成果中，有的论文的观点是头脑聪明与工作满足度之间没有关联，有的论文的观念是两者之间具有很强的关联。冈萨雷斯米莱的研究是对这些论文进行梳理。

他用"一般心理能力（GMA，general mental ability）"测试来测量人的头脑的聪明程度，并通过分析得到结论：测试得分越高的人，其工作满意度也越高。也就是说，头脑越聪明的人越能在工作中感到乐趣。

不过，并非头脑的聪明程度直接影响了工作满意度。根据冈萨雷斯米莱的分析可以知道，头脑聪明的人大多从事具有挑战性的工作，而那些单调的工作则基本上与他们无缘。正因为他们从事的工作富有挑战性，所以他们的工作满意度也就比较高。

头脑聪明的人可以从事更具挑战性、更加复杂的工作。而头脑简单的人一般只能从事那些相对简单的工作。这种差别就体现在他们的工作满意度上。

通过努力学习获得更高的学历，所选择工作的范围就会扩大。从这个意义上讲，父母尽量让孩子获得更好的教育是一种正确的做法。

第 5 章

积极向上的心理学研究

💬 多看这种类型的电影能够让你长高

很多人都希望自己长得更高一些。

经常有一些说法，例如，喝牛奶、打篮球有助于长高。但我不知道这些说法是不是真的有道理。

人们的骨骼主要由钙元素构成，因此，多喝富含钙元素的牛奶也许能帮助人们长得更高一些。但我不是营养学方面的专家，因此，并不清楚事实上如何。

不过，我确实知道一个可有助于人们长高的方法，那就是大笑。

可能大家会有"什么？笑一笑就能长高？一定是骗人的吧？"这种想法，但是，这的确是真的。

美国加利福尼亚州洛马林达大学是一所基督教的高等院校，该校的李·贝克根据压力或紧张情绪会阻碍身高增长这一事实提出了一个假说，那就是减少压力能够促进身高增长。

贝克召集了一些男性大学生作为实验对象，让一半学生观看喜剧电影，其余的学生则不需要做任何事情，最后采集实验对象的血液样本。

实验结果显示，观看喜剧电影的学生，也就是放声大笑过的一组人群，其血液中的皮质醇含量急剧减少。皮质醇又被称为压力激素。如果体内的该物质减少，说明人得到了很好的放松。

另外，这项实验显示，看完喜剧电影之后，生长激素也开始分泌。众所周知，生长激素就是促进身高增长的一种激素。

如果对自己的身高不满意，多看看喜剧电影或许能够有所帮助。

再补充一点，除了处于青春期的孩子需要生长激素，实际上成年人也离不开生长激素。这种激素不仅有促进身高增长的作用，还能够让身体保持平衡状态。

总之，只要能够放声大笑就有好处，因此，不管是喜剧电影，还是漫画，或者是一些有趣的视频，对身高增长都可能很有效。

❤ 胖宝宝更聪明

关于早产儿的相关研究表明，婴儿的体重越低，智力发育越迟缓。也就是说，身体发育迟缓的早产儿，其头脑发育也趋向迟缓。

那么正常婴儿的情况如何呢？体重与智力发育之间存在什么关联？是不是胖一些的婴儿的智力发育也会快一些呢？

英国爱丁堡大学的苏珊·申金对6项关于足月婴儿（出生时婴儿的体重超过2500克）的相关研究进行了二次分析。

分析结果显示，体重越重的婴儿在出生后37~42周时，其智力发育测验的得分越高。说得简单一些，就是胖宝宝更聪明。

"我家的宝宝为什么这么胖啊？"

"体重这么重，走起路来是不是很吃力啊？"

作为父母，孩子太瘦了会担心，太胖了同样会担心。但实际上，孩子胖一点是没必要担心的。正相反，这说明孩子的智力发育会比较早，父母应该高兴才对。

当然，这不是说，长得胖一些，婴儿就会变得更聪明。

婴儿之所以会长胖，是因为父母给婴儿吃了富含营养的食物。吃得越有营养，婴儿就越胖。

除此之外，父母还应该做到保持房间整洁、不在婴儿面前吸烟、不让婴儿在电视音量较大的环境中睡觉……总之，对婴儿照顾得越体贴，婴儿在成长过程中就越不容易产生心理压力。这样，婴儿自然就会长胖。

也就是说，导致胖宝宝更聪明的原因可能就是胖宝宝的父母照顾得更加周到、更加细致。在这种环境中成长的宝宝，其智力发育理所当然地会更快一些。

如果父母对宝宝照顾不周，给宝宝吃的食物营养不够，那么宝宝的身体就不可能长胖。这样一来，宝宝的智力发育也会变得迟缓。

总而言之，只要父母在照顾宝宝的时候做到尽心尽力，宝宝就会变得聪明。至于宝宝是不是长得很胖，可能倒是次要的。

♥ 如何忍受讨厌的事

有些时候，面对那些自己不喜欢做的事情，人们也只能硬着头皮去做。

例如，关于工作，可能没有多少人会发自内心地喜欢工作。又如，打扫房间、给院子除草等，如果有可能的话，这类事情我们也不太想做。

那么，当人们不得不去做那些讨厌的事情时，一个好的建议就是一边听音乐一边做。不喜欢学习的人可以在学习时播放自己喜欢的歌曲，这样就不会感到学习是一件十分痛苦的事情。当人们必须在炎热的夏天给院子除草时，听好听的音乐，就能让自己变得充满干劲。

美国麻省理工学院的R.梅尔扎克通过实验证明了当做自己讨厌的事情时，听音乐能够分散注意力，从而帮助人们坚持做完不喜欢的事。

梅尔扎克让实验对象把手伸进装着冰块的水桶，观察实验对象能够坚持多长时间。冰块温度非常低，让实验对象感到冰冷刺骨。将手放进冰块中，任何人都坚持不了多长时间。

实验中，有一半的实验对象戴着耳机听音乐。结果如何？这些实验对象坚持了相当长的时间。

而另一半实验对象虽然也戴着耳机，但耳机中没有播放音乐。这些实验对象被告知："耳机中会播放无法被人感知的声音，这种声音可以减轻你的痛苦。"但实际上根本不会播放这种声音。理所当然，这些实验对象没能坚持太长时间。

当人们不得不做那些会令自己感到痛苦的事情时，听音乐可以帮助人们减轻痛苦。

听着音乐，人们的注意力会被音乐吸引，这样一来对痛苦就不那么敏感了。虽然不能彻底消除痛苦，但确实能起到减轻痛苦的作用。

有的牙科诊室会播放音乐，也正是基于此。治疗牙病，多数情况会伴有疼痛，这时播放一些轻松舒缓的音乐，能够缓解患者被治疗时的痛苦。我认为这种做法能够帮助患者减轻痛苦。

那些不太喜欢自己的工作的人，如果公司允许，也可以试着一边听音乐一边工作。虽然这会给人留下不认真的印象，但确实能够帮助人们抑制内心的不满，从而提高工作效率。大家觉得怎么样？

💬 "胡闹"能立刻增进感情

过去，无论在学校还是在工作单位，人与人之间的关系都非常亲密。每个学校、每个公司里，都会有非常滑稽、喜欢做戏谑之事的人，跟着这样的人一起做一些荒唐事，不知不觉中，彼此就会成为好朋友。

可是现在，也许是因为人们变得文雅了，似乎大家都已经不怎么"胡闹"了。所以，人与人之间的关系也变得冷淡了。

大家在一起做一些比较荒唐的事情，就能成为非常要好的朋友，这是人的习性。因此，偶尔"胡闹"一下，可能并不是一件坏事。我猜测，祭祀狂欢之类的活动，也是因为人们想凑到一起"胡闹"而被发明出来的。喝醉之后，大家一起做一些荒唐无稽的事，就能够把彼此之间的关系拉近。

美国纽约州立大学的芭芭拉·弗雷利做了一项实验，让原本互不相识的两个人结成一组去做一些荒唐无稽的事情。

例如，一个人嘴里叼着吸管，同时教另一个人舞蹈的步伐。因为嘴里叼着吸管，所以教舞步的人说话时的声音听起来就会比较奇怪。于是学习舞步的人就会被逗笑。

在两个人一起完成"胡闹"之后，询问他们"你认为与对方的关系被拉近了多少"，他们的回答是"感觉两个人亲近多了"。

弗雷利还让一部分实验对象在一起做一些文雅的事情，但这些实验对象之间的关系完全没有被拉近。

如果想跟别人成为好朋友，那你们可以在一起做一些荒唐无稽的事情。只做文雅的事情则很难拉近彼此的关系。

过去，在员工旅行时，很多人都会做一些荒唐无稽的事。当时的社会氛围对此也非常包容。把酒店的水池误以为是露天温泉而纷纷进去泡澡，类似的事情经常发生。因为有这些事情，所以人与人之间就变得很亲近。如今，员工旅行已经越来越少，不得不说这是一件很遗憾的事情。

另外，无论是万圣节、圣诞节还是赏花，聚会就是很好的机会。大家可以利用这些机会尽情地"胡闹"一下。可以展现与平时完全不同的自己，跟大家一起玩角色扮演等游戏，偶尔为之，不仅非常有趣，还能拉近人与人之间的关系。

💟 高收入者的共同点

重视自己，这种做法在心理学上被称为自尊心。为自己感到骄傲、喜欢自己，都会提高我们的自尊心水平。

自尊心可以对人们的收入产生影响。那么，想要提高收入，首先要做的就是提高自尊心水平。

意大利那不勒斯大学的弗朗西斯科·德拉戈分别于1980年和1987年对调查对象进行了一次自尊心水平测试，然后在1988年又调查了他们的收入情况。

他把调查对象的自尊心水平得分按照高于中位数还是低于中位数的标准，分为两组，并分别统计这两组的收入情况。德拉戈的实验结果见表5-1。

表5-1 德拉戈的实验结果

调查年份	1980 年		1987 年	
自尊心水平	低于中位数	高于中位数	低于中位数	高于中位数
1988 年时的小时工资 / 美分	781	888	763	914

这是因为自尊心水平较高的人会更加重视自己，对自己有足够的重视，就会为了自己而努力工作。他们认为，这样能让自己生活得更加幸福。只有重视自己，才能不在人生的道路上出现懈怠。

在这方面，那些觉得自己很讨厌、自己很无能的人是无法全身心投入工作的。如果一个人认为自己怎么样都无所谓，那这个人同样会觉得努力工作是一件很荒唐的事。不能很投入地工作，其工作态度自然就不会太好，也不会受到上司的欣赏。这样一来，加薪基本上就不大可能了。

人们要做到重视自己，把自己当回事，才会认真工作。只要认真工作，这种工作态度就会得到大家的认可。不可能出现认真工作却得不到认可的现象。

❤ "为了公司而努力工作"是一种错误的观念

在日本，为公司粉身碎骨被视为一种美德。但实际上，人们绝不要为了公司而工作。这个时候不需要什么一心为公的精神。正确的观念是为了自己而工作，而且这样对公司来说也是好的。

为什么说为了自己而工作是正确的呢？

就像前面所述的那样，心中想着自己，才能认真地工作，这就是答案。即使有人告诉你要为了公司而工作，你的工作积极性也不会提高。可是，如果想着这是在为自己工作，你就会充满干劲。

据说，日本索尼公司的创始人之一盛田昭夫会勉励新员工要为了自己而工作。在每年的新员工入职仪式上，他都会讲一番话，大意是公司并没有强迫员工来这里工作，因此员工一定要为了自己而努力奋斗。这样，公司也能从中受益。

美国田纳西州孟菲斯大学的爱德华·巴肖向16家公司共计1300名销售员发放调查问卷，最终得到560份有效问卷。

调查结果显示，与回答"为了公司而努力工作"的销售员相比，回答"为了自己而努力工作"的销售员的业绩更好。这些为了自己而努力工作的销售员的销售能力更高，能够与客户建立良好的关系，对竞争公司的产品很了解，其工作也更有计划性、更有条理。

为什么为了自己而努力工作的人的业绩会更好呢？这是因为一想到自己的努力有利于升职、加薪，人们自然会迸发出干劲。人们如果能够因此获得好处，那自然会愿意下功夫去努力提高销售能力，积极学习产品知识。

我认为那些为了公司而努力工作的人对提高技能不会太感兴趣。作为一个个体，即使努力提升自己的能力，也无法让公司的业绩立即有所提高。因为公司是由众多员工共同组成的，就算你竭尽全力地为公司做贡献，公司也不可能在短期内获得什么利益。

如果作为公司的一名员工为公司努力工作，但实际上却不能为公司创造什么看得见的利益，那大部分人可能最终会对工作失去热情。他们心里会产生消极的想法，觉得无论自己多么努力，都改变不了什么。但如果是为了自己而努力工作，就能马上见到成果。

人们工作稍有懈怠，在公司中的地位就会下降，晋升也会被推迟。与此相反，人们如果工作非常努力，就能得到相应的回报。因此，工作热情也能被进一步激发。

为了公司而努力工作，这种精神值得称赞，但无法让你全身心投入工作。因此，建议大家还是应该为了自己而努力工作。

💬 不善社交的人适合做什么工作

在就职面试中，沟通能力越来越受到重视，所有职业都要求从业人员能够与各种各样的人顺畅交流。日本有一句话叫作"欢笑之家有福来"，中国也有"人无笑脸莫开店"的说法。

但是，世界上有不计其数的性格内向、不善社交的人，他们在工作中就无法获得成功吗？

请大家放心，这是绝对没有的事情！在这个世界上，还有很多不善社交的人会做得更好的工作。

以色列赫兹利来跨学科研究中心的察奇·埃因道尔提出了一个假说，即在告白这件事情上，那些能够忍受孤独、相信自己的实力并默默练习的人更容易成功。也就是说，越是不善社交的人，越容易成功告白。

为了验证这个假说，埃因道尔对以色列的职业网球单打选手进行了调查，其中，男性40名，女性18名。这些职业球手从业的平均时间为5.8年。

埃因道尔首先让调查对象说出自己有多不喜欢与人交往，

然后分别在一个月后、两个月后、八个月后、一年后、一年零四个月后进行追踪调查，以了解他们的职业排名情况。

调查结果显示，越是不喜欢与人交往的选手，其职业排名越靠前，而且这种相关性非常显著。不喜欢与人交往的选手把更多的时间用于练球，因此能取得更好的运动成绩。

不喜欢与人交往的人易于获得成功的领域不只限于体育界。埃因道尔的研究表明，计算机科学领域也是不喜欢与人交往的人更容易获得成功。

想要在计算机科学领域里获得成功，就得跟很多运动员一样，能够忍受孤独，愿意长时间独自做一件事情。在这种职业领域里，不喜欢与人交往的人会比较有优势。

那些不善社交的人以及给人感觉非常冷淡的人，可能在从事很多工作的时候确实处于不利的地位。但是，这是不是意味着此类人在所有职业领域里都难获成功呢？那当然不是。事实上，有很多适合不善社交的人从事的工作。所以只要选对职业，不善社交的人一样能获得成功。

❤ 积极的生活态度能让工作变得更顺利

人们通常认为，每天以快乐的心情面对工作，就可以在工作上获得成功，因为快乐的心情能够带来好运。

不过，这种因果关系可能是逆向的。因为工作很顺利，所以才有快乐的心情，而不是因为感到快乐，所以工作才很顺利。快乐的心情能带来成功这一因果关系与成功带来了快乐的心情这一因果关系，究竟哪一个是正确的呢？

德国弗里德里希–亚历山大埃尔朗根–纽伦堡大学的安德烈亚·阿贝勒对法学院、医学院、通识教育学院、经济学院、工学院等共计1336名学生，分别在其毕业后一年、三年、七年、十年的时候进行了追踪调查。这些学生分布在许多领域中就业。

阿贝勒调查的内容是客观成功与主观成功。阿贝勒通过调查月收入、在组织中的职位的方法来确定客观成功。没有收入的人计为0分，月收入超过1万欧元的人计为11分，以这种形式来进行定量评分。另外，阿尔勒还调查了他们入职后的晋升次数，将这个数值也作为评价客观成功的指标。

主观成功指调查对象自己的满意度。调查对象回答对工作的满意程度，以此来确定满意度得分。

阿贝勒对客观成功与主观成功之间因果性的相关性进行了分析。分析结果显示，如果主观成功较高，那么也会获得客观成功，而且这种因果相关性非常强。而因为客观上获得了成功，所以主观上也会感到成功这一因果相关性则比较弱。

由此得出结论：因为工作顺利，所以心情愉悦的因果关系并不成立，能够观察到的因果关系是因为心情愉悦，所以工作顺利。

人们如果想在工作上取得成功，那么首先要做到不能有不满的情绪，要把"我怎么这么幸福啊""每天感觉快乐得不得了"这些话变成自己的口头禅。人们以这样快乐的心态面对工作，自然会迎来成功。

一些心灵启迪类的书会告诉人们，只要平时保持积极向上的思考，就能获得好的结果。有的人可能会怀疑："真有那么简单吗？"但我要说确实是这样，因此人们应该积极地面对每一天。这样，人们在工作上就能取得更好的成绩。

♥ 怎样花钱才能让你更快乐

如果想把钱花得更有价值，可以记住一条原则，花钱购买体验及回忆强过花钱买东西。

可能很多人都会认为购物是一件令人感到愉快的事情，但是把钱花在买东西上是无法获得幸福感的。

"花钱买了一堆没用的东西啊。"

"为什么花了这么多钱购物？"

人们经常会为购物而感到后悔。所以说，把钱花在买东西上并不是一种聪明的花钱方式。而把钱花在体验及回忆上则是一种非常聪明的花钱方式，尽管这样不会为人们留下什么实物。比如，为了让自己进步而参加各种学习活动，就是一个不错的消费选择。又如旅行，也是一个非常好的花钱方式。把钱花在这些地方，人就会变得更加快乐。

美国科罗拉多大学的利夫·冯博芬从电话簿上随机选择了1279人，并对这些人进行了调查。调查的内容是把钱花在什么地方能让自己感到快乐。调查结果见图5-1。

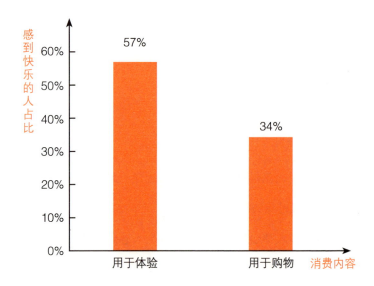

图5-1　冯博芬的实验结果

　　人们根据自己的经验可以知道，把钱花在体验上比花在购物上更能让自己感到快乐。

　　虽然花钱购买的实物能够保留下来，而把钱用在购买体验或回忆上则留不下什么看得见的东西，但是，后者获得了新奇的体验和珍贵的回忆，而这些可以让人们感到更快乐。

♥ 好事多于坏事

人们既会遇到令人高兴的事，也会遇到令人沮丧的事。而令人沮丧的事会对人们的心理产生更大的影响。与正面的事情相比，负面的事情更容易扰乱人们的内心世界。

在单位受到上司的表扬，或者收到自己所仰慕的前辈的邀请参加聚会，这些都是令人高兴的事。而被顾客叱责、下错订单，或者偶然听到有人说自己的坏话，这些都是令人沮丧的事。假设人们在同一天遇到这两种事，那么，哪种事情会对人们的心理造成更大的影响呢？答案很容易被想到，一定是后者。即使遇到了正面的事情，但同时又遇到了负面的事情，也会使人们的心情变得很低落。

美国明尼苏达大学的安德鲁·迈纳让一家照明器具制造企业的员工随身带上寻呼机，并且一天4次、在随机的时间联系员工。迈纳要求员工在听到寻呼机铃声响起时，记录自己当时的心情是否愉悦。

实验结果显示，诸如同事请自己喝饮料、受到上司的夸奖等这些正面的事情要比负面的事情多3~5倍。也就是说，与不幸的事情相比，幸福的事情要多得多。

但是，更能影响心情的却是那些负面的事情。负面事情对心情产生的影响是正面事情的5倍。

即使人们遇到正面的事情，人们的心情也未必会变得更好。正面的事情有时候确实会让心情变得更好，有时候则不会。可是，当遇到负面的事情时，人们基本上会感到不愉快或者情绪变得低落。

人们的情绪更容易被引向消极的方向。因此，与积极的情绪相比，人们感受到更多的是那些不愉快的情绪。

事实上，在日常生活中，正面的事情要更多一些。如果人们觉得自己运气不佳，总是遇到不愉快的事情，那只不过是一种错觉而已。人们遇到的正面事情的数量，实际上远远超过人们感觉到的。

💟 为什么大脸男性更受女性青睐

男性在迎来青春期时，面容会出现变化。进入青春期后，上唇至眉毛的长度会根据睾酮（雄激素）分泌量的多少而产生变化。一般而言，睾酮分泌量较少的男性的脸型会变成瓜子脸（偏长一些的脸型），使面容看上去更像女性。而睾酮分泌量较多的男性的脸型会宽一些，变成横向距离较长的脸型。

新加坡管理大学的凯瑟琳·瓦伦丁进行了一项快速约会的实验，先测量参加实验男性的面部，然后看一看哪种脸型的男性更受女性青睐。

所谓快速约会实验，就是让所有参加实验的女性与男性都分别对话3分钟，然后每次对话结束就立即决定是否可以约会、进行交往。

可能大家会觉得3分钟的时间怎么能对一个人做出判断，但实际上还是能够做出比较准确的判断的。通过3分钟的对话可以大致了解对方的人品及是否有前途。

在这项快速约会实验中，瓦伦丁获得了一些非常有趣的结果。通过测量面部纵向长度与横向长度，他发现，女性更倾向于认为，脸比较宽（更像男性的脸型）的男性更具魅力，也更愿意与这样的男性再约会一次。

而那些脸型比较长、看上去更像女性的男性，人们一般会认为他们比较受女性青睐，但实际上并非如此。女性更喜欢的是那些面部看上去更加硬朗的男性。

为什么会是这样呢？瓦伦丁认为，这是因为面部更具男性特征的男性在进入社会后获得成功的概率会更高。

而面部更具男性特征的人，是因为其睾酮的分泌量较多。睾酮分泌量较多的人更喜欢竞争，做事情也会更加积极。这样的人比较争强好胜，容易在社会竞争中获得成功。在经济方面，这样的人获得较多财富的概率也较高。

按照瓦伦丁的说法，女性能够凭借自己的直觉辨别出什么样的男性更容易获得成功。女性辨别的重要依据就是脸型，瓦伦丁认为，女性是通过看对方的脸是不是比较宽、是不是更有男性特征来进行判断的。

"我的脸长得不是现在比较流行的样子，所以不可能受女性青睐。"

"我的脸长得比较硬朗，所以不会有女性喜欢我。"

可能会有男性像这样对自己的脸型发出叹息，但其实他们想错了。女性对硬朗的、更具男性特征的脸实际上更加情有独钟。

💬 自诩的美女比真正的美女更幸福

　　英俊的男性和美丽的女性在很多时候都会受到眷顾。购物的时候，俊男靓女受到店员更加热情的接待；在餐厅吃饭，店员也会马上过来为这样的客人服务；在职场上，上司会比较照顾这样的下属。

　　而那些容貌不够漂亮的人，就不会受到来自周围的特别关爱，从而难免心存郁闷。

　　俊男靓女因为在很多时候都会受到照顾，所以不大容易对自己的人生感到不满。因此，不难想象，他们的人生满意度会非常高。

　　美国伊利诺伊大学的埃德·迪纳做了一项实验，首先让男女共计221名实验对象对自己的颜值进行评价。也就是说，通过自己给自己打分的形式找出自诩帅哥与自诩美女。迪纳还给每名实验对象拍摄了面部照片，然后让10名评审人员通过照片来对实验对象的颜值进行客观的评判。

　　然后，迪纳询问每位实验对象"你对自己人生的满意度有多高""你有多幸福"。

实验结果显示，从评审人员那里获得较高评价的人，其人生满意度也较高。不出人们所料，俊男靓女的人生满意度要高一些。

迪纳还发现了更加有趣的现象。即便没有被评为具有较高颜值的人，只要自己觉得自己长得很美，也就是那些自诩帅哥和自诩美女，其人生满意度会更高。与客观评价相比，自己的主观想法会对人生满意度产生更大的影响。

即便根据客观的标准被评为颜值不高的人，但只要自己认为自己很美，就会对自己的人生感到非常满足。这样的人一辈子都会过得很幸福。

相反，那些在客观上被评为很美的人，如果自己认为自己的颜值并不高，那就很难对自己的人生感到满足，其幸福感也会比较差。

想要活得快乐，一个诀窍就是能做到自己欺骗自己。大家一定要记住，越是那些可以对自己说"我很美"，而且也确实那么认为的人，越是能够享受快乐的人生。

💬 无须拥有远大的梦想

拥有远大的梦想，总的来说是一件好事。

"我立志将来成为一个大人物！"

"我一定要坐上价格不菲的豪车！"

有这样的想法，工作热情才能被激发出来，那些没有梦想的人往往对待工作的态度也是得过且过。克拉克博士（北海道大学的前身札幌农学校的创始人）说过"少年需立大志"的名言，鼓励年轻人要有梦想。

但是，有位心理学家对此却有不同的看法。这位心理学家就是美国纽约州罗切斯特大学的蒂姆·卡塞尔。卡塞尔指出，拥有美国梦，会让人不幸。

这是因为远大的梦想是很难实现的。如果无论付出多少努力都无法实现梦想，那所有人都会感到很失落，有些人甚至会产生强烈的自卑感，觉得自己是很无能的人。这种心态对人的健康很有害。

卡塞尔对美国罗切斯特的居民进行了调查，调查内容涉及财富、外貌、社会认可度、出人头地等共计32个梦想。调查结果显示，拥有的梦想越远大，越会失去生活的动力和活力，越容易感到身体的不适（偏头痛、乏力等）。

卡塞尔认为，有远大的梦想是好事这种观点，只不过是人们的幻想而已，最终只会让人感到痛苦。因此，也许人们不需要拥有什么远大的梦想，能够因小事而感到快乐可能会更幸福。

"想住大房子""想开豪车"，如果这种想法很强烈，那么这些人会对住在小房子的现实感到不满，会因开着紧凑型汽车而自卑。而那些没有什么远大梦想的人，即使住在小房子，也会感到很满足；即使自己的车不大，也不会感到自卑。

当然，我的意思不是说不能有远大的梦想，只是建议大家问一问自己：这个梦想是否让自己变得痛苦？如果因梦想而感到痛苦，那可能说明这个梦想对自己来说过于大了。此时，可以把梦想变小一些。

💬 只要当自己已经 "死" 了，就什么都能做成

谁都不希望自己死，不过，一个人如果体验过濒临死亡的感觉，那么，他的人生会因此发生很大的变化。

美国亚利桑那州立大学的理查德·金尼尔研究了濒临死亡的经验会对人们的人生产生什么样的影响。

金尼尔找到了一些曾经濒临死亡而又活下来的人。他们或遭遇过交通事故，或接受过癌症的治疗手术，或在潜水时出现了意外，或曾因心脏病发作而倒下。金尼尔询问这些人："濒临死亡，你的人生因此发生了什么变化？"

调查结果显示，那些有过濒临死亡经验的人，都会表示自己的身上发生了以下积极的变化。

○对金钱、财产这些事情变得不太关心了。

○更懂得善待他人。

○不会对一些生活琐事感到焦虑或气愤。

○对未来的看法变得更乐观了。

"差点就死了"这种经验会让人们明白拼命赚钱是一件很

无聊的事情。人们会真切地感到，与拼命赚钱相比，有更多的时间与人相处才是更重要的，应该把宝贵的时间留给家人及自己喜欢的人。另外，心胸会变得更加开阔，不会为了一些小事而烦恼。

只要当自己已经"死"过一回，那么基本上遇到任何事情都不会烦恼。

"想赚更多的钱""想住更大的房子"，这些物质上的欲望也会消失。即使是粗茶淡饭，自己也能吃得津津有味。

濒临死亡确实是一件非常危险的事情。但是，如果能对之后的人生产生积极的影响，可能也未必是坏事。话虽如此，但人们也没必要去故意尝试，要珍爱生命。

💬 令人讨厌的性格会随着年龄的增长而改变

随着年龄的增长，年轻时为小事而斤斤计较的人的性格会发生变化，这可能是因为他们开始觉得不值得为这些小事而浪费精力，或者是因为他们已经不太把这些小事放在心上了。

"难道我一辈子都会这么敏感吗？"

"我这种拘泥于小事的性格是天生的，可能很难改了吧？"

可能很多人都有诸如此类的担心，但是我要告诉大家，这种担心是完全没有必要的。随着年龄的增长，人的性格也会发生改变。

新西兰奥克兰大学的彼得·米洛耶夫进行了一项研究，试图弄清楚随着年龄的增长，人的性格是否会发生变化。他的研究对象包括多个年龄段的人，并对每个年龄段的人都进行了为期6年的追踪调查。接受调查的人数超过1万人。

研究结果显示，性格敏感的人会随着年龄的增长而变得沉得住气。他们在二十几岁、三十几岁时会对一些小事做出非常敏感的反应，但到了四十几岁、五十几岁、六十几岁的时候，就不再会这样了。

可能人一旦上了年纪，心胸就会变得比较开阔，不再纠结于一些小事情，对生气这件事，也开始不屑于去做了。当然这些变化都是好的。

现在，有一种潮流，那就是歧视变老，认为变老这件事本身就是负面的，但这种想法其实完全是错误的。年龄增长之后，性格会变得沉稳，不会为一些小事而感到烦躁。"老成"这个词就很好地诠释了这一点。

米洛耶夫也对其他性格因素因年龄增长而如何变化进行了研究，例如，社交性。

研究结果表明，社交能力在进入青春期后会急剧下降。年幼时会很爽朗地跟任何人打招呼的孩子，到了青春期也可能会变得害羞，不愿与人交往。这种情况在到了一定年龄后又会转变过来。

谨慎的性格也是一样。人过了20岁之后，谨慎程度就会提高，并且之后一直保持在较高的水平。

年少时性格非常鲁莽的人，在20岁之后也会逐渐变得谨慎起来。初中和高中的时候骑着改装摩托车到处闲逛的不良少年，过了20岁也会变得稳重起来。

　　有的人可能会有一种烦恼，担心自己的性格会一辈子难以改变。其实完全不用为此而烦恼。人们的性格不仅会随着年龄的增长而变化，还会因为人们自己平时的注意而有所改变。

💬 其实，任何选择都是正确的

有的人为了在购物时尽可能地买到更好的商品，会通过杂志及网络来获取相关商品的信息。

这样的人确实可以买到更好的商品。但是，他们并不会因此而感到非常满意。相反，他们总是会觉得另一家的商品其实会更好一些，而且这种感觉会越来越强烈，最终不满的情绪会超过购物为自己带来的满足感。

假设有这样一种人，他们希望在结婚的年龄能够找到最好的另一半。但奇怪的是，越是想找到最好的另一半，对最终选定的伴侣就越不满意。"要是选了其他人就好了"，这种想法会挥之不去，从而对自己选择的伴侣产生嫌弃之感。

购物时，有的人会觉得从现有的商品里随便挑一挑就可以了。以这种心态来购物的人，更会对自己选择的商品感到满意。

在选择配偶的时候，少一些执着，以更加轻松的心态来进行选择，这样对配偶的满意度反而会提高。例如，有人的择偶观念是这样的：这个人的性格好像也挺好的，行了，就这么决定吧。

下功夫获取大量的信息，绞尽脑汁地做出最佳的选择，这种做法其实并不好。可能这样确实能够帮助你找出更好的选项，但如果你的满意度因此下降，那就得不偿失了。

美国哥伦比亚大学的希娜·延加以11所大学的学生为对象，对学生们如何找工作进行了调查。

有的学生希望在最好的企业就职。与此相反，有的学生认为只要能够被录用，哪里都可以。

根据延加的调查，可以知道，执着于最佳选择的学生，其被录用时的工资水平比对工作单位没有太多要求的学生高20%。如果只看这一点的话，可以说那些对工作比较挑剔的学生获得了成功。可是如果看一看满意度，人们就会发现，实际上这部分人对录用自己的企业并不满意。

虽然是自己的选择，但之后又会怀疑"这个选择真的很好吗？"其内心对此产生纠结。

不求做出最佳的选择，或者说大致挑选一下就做出决定，这样会让人们变得更加幸福。人们如果能够从内心接受未经太多选择就可获得的东西，那么对这个东西的满意度也会提高。

即便一个选择在最初的时候被认为是差到极点，但一段时间后，人们又觉得当时的决定其实是对的，这种情况在人们的生活中并不少见。例如，虽然没能考上一流的大学、没能进入一流的企业工作，但人们回过头来想一想，这反而成就了今天的自己。在现实中，人们经常会遇到这样的事情。

◆ 后 记

感谢各位读者能够通读本书。

在本书中，我侧重于向大家介绍有趣的心理学知识，所以各部分内容并未构成一个统一的体系。如果有读者感觉这种写法不便于阅读，我对此表示歉意。

本书的内容涉及教育、商务、恋爱、社会、政治、健康、美容，可谓包罗万象。为什么会涵盖这么多领域？这是因为心理学本身就是一门包罗万象的学科。

同样是心理学家，有的人长期研究狗或鸽子；有的人像经济学家那样从事数理分析；还有的心理学家会经常出国，与当地人愉快地玩耍，别人也不知道他们究竟在研究什么。

总之，我认为心理学的魅力就在于其涵盖范围非常广泛。因此，在撰写本书时，我要求自己尽可能地在更广阔的领域收集相关资料。本书中各部分内容的关联性不高，也是由于这个原因。

我非常喜欢心理学这门学科。正因为喜欢，所以我从事心理学研究的时间已经超过20年。

我很想让大家体会到心理学的乐趣，曾写了一本关于心理学的书，本书就是那本书的续篇。心理学有大量的研究都非常有趣，所以我在收集相关研究成果的时候没有感到丝毫的困难。如果本书能够得到读者的好评，我将立即开始撰写第三本。敬请大家期待。

本书的撰写，得到了综合法令出版株式会社的久保木勇耶先生的大力协助。我想借此机会对他表示感谢。

由于书中各部分内容的关联性不强，给编辑工作带来了很大的困难。久保木先生对本书（日文版）的构成反复修改，着实费了不少心力。我对此再次表示感谢！如果读者觉得本书读起来还算通俗易懂，那我认为功劳全在久保木先生。

最后，我还要对各位读者表示感谢。承蒙各位厚爱，本书的内容才能得以展现。如果本书能够让大家感到心理学竟然如此有趣，我将荣幸之至。

希望有机会与各位再叙。